集結羅慶徽副院長與全球慈濟人的 **50** 場分享──健康慢老的飲食養生法則

全植物飲食
醫學與營養
健康大關鍵 美味食譜篇

傳授 **72** 道鎖住營養及互補與強化營養素的純素料理

───── 花蓮慈濟醫學中心營養團隊◎合著 ─────

U0014564

H₂O 原水文化

《卷一》 一念悟時 好生活

　　保持健康，才能好好生活，預防醫學，是重要的遵循概念；增
加免疫力，防護性的疫苗注射，定期的身體檢查，做好日常的慢性
病管理。

┃免疫力┃ ⋯⋯⋯⋯⋯⋯⋯⋯⋯ 30

提升免疫力五大營養素─A、C、D、E 和
鋅。建議均衡攝取六大類食物，以粗食
原味為主，減少加工食物能抗氧化、增
強免疫力。

糖尿病管理

根據 2022 年第二型糖尿病臨床照護指引建議：1. 多選擇非澱粉類蔬菜；2. 減少添加糖分和精緻穀類；3. 以原型食物為主，減少加工食物攝取。

《卷二》三德六味 好飲食

「三德六味，供佛及僧，法界有情，普同供養。若飯食時，當願眾生，禪悅為食，法喜充滿。」

蛋白質

蛋白質為人體內建造與修補組織的功能，這個單元料理選用毛豆、豌豆、腐竹、天貝等食材，進而獲得人體所需的必需胺基酸。

| 醣 | **少憨知足最大富** | 116

澱粉是腦細胞神經主要的能量來源——維生素 B 群，維持身體能量供應和生理機能的基本，可調解脂肪的代謝，影響腸胃道的生理功能。

| 脂肪 | 為善競爭 ⋯⋯⋯⋯ 156

脂肪的功能包含提供熱量、保護內臟器官、作為傳送及吸收脂溶性維生素A、D、E和K的媒介。單元不飽和脂肪酸對心臟血管是有好處的。

油是植物的好

| 茹素謬誤 | ⋯⋯⋯⋯ 170

吃素比較容易骨質疏鬆？可攝取適當鈣質與優質蛋白質、晒太陽，做肌力運動。缺乏維生素B12容易貧血？天貝是優質蛋白質，對紅血球生成也很有幫助。

《卷三》 淨心無憂 好安眠

醫學研究發現，睡眠對人類健康扮演著舉足輕重的角色，沒有好的睡眠品質，就算是注重運動和營養，效果也會減半。

睡眠品質

190

「色胺酸」是人體必須胺基酸，輸送到腦部就能成為血清素原料，血清素可說是快樂激素，能減少神經活動，舒緩情緒，讓人放鬆，睡得安穩。

好心情、抗憂鬱

208

當營養素在體內呈現富裕的狀況，身體細胞吃飽飽，活力滿滿；大腦運作正常思緒清楚，神經傳導物質足夠，則不容易情緒低落，甚至是失眠和憂鬱、焦慮。

72 道全植物飲食營養成分目錄

P40　海髮菜羹

每一份量300克，本食譜含2份

熱量 (大卡)	蛋白質 (克)	脂肪 (克)	飽和脂肪 (克)	碳水化合物 (克)	糖 (克)	鈉 (毫克)	鐵 (微克)
108	10.7	3.1	0.5	17.3	0.6	615	16.1

P43　紅莧腐皮羹

每一份量120克，本食譜含3份

熱量 (大卡)	蛋白質 (克)	脂肪 (克)	飽和脂肪 (克)	碳水化合物 (克)	糖 (克)	鈉 (毫克)	鐵 (毫克)
97	6.0	6.6	1.2	6.9	0.3	131	9.2

P57　普羅旺斯燉菜

每一份量450克，本食譜含3份

熱量 (大卡)	蛋白質 (克)	脂肪 (克)	飽和脂肪 (克)	碳水化合物 (克)	糖 (克)	鈉 (毫克)	植物蛋白 (克)
299	19.8	10.2	2.3	39.1	9.7	246	19.8

P58　海苔豆腐煎餅

每一份量150克，本食譜含2份

熱量 (大卡)	蛋白質 (克)	脂肪 (克)	飽和脂肪 (克)	碳水化合物 (克)	糖 (克)	鈉 (毫克)	鐵 (毫克)
242	18.9	10.2	2.6	20.4	1.5	824	5.5

P61　菠菜納豆涼菜

每一份量60克，本食譜含2份

熱量 (大卡)	蛋白質 (克)	脂肪 (克)	飽和脂肪 (克)	碳水化合物 (克)	糖 (克)	鈉 (毫克)	維生素K (微克)
71	2.6	1.7	0.3	13	15.3	690	266

P62　潛艇瓜

每一份量180克，本食譜含2份

熱量 (大卡)	蛋白質 (克)	脂肪 (克)	飽和脂肪 (克)	碳水化合物 (克)	糖 (克)	鈉 (毫克)	維生素 B6 (毫克)
105	5.0	4.0	1.1	15.0	7.0	355	1.2

P65　奇異果甜椒炒菇

每一份量221克，本食譜含1份

熱量 (大卡)	蛋白質 (克)	脂肪 (克)	飽和脂肪 (克)	碳水化合物 (克)	糖 (克)	鈉 (毫克)	維生素 C (毫克)
159	2.7	10.6	1.7	17.2	6.2	348	179

P70　日式炒牛蒡

每一份量90克，本食譜含3份

熱量 (大卡)	蛋白質 (克)	脂肪 (克)	飽和脂肪 (克)	碳水化合物 (克)	糖 (克)	鈉 (毫克)	鉀 (毫克)
69	1.8	2.8	0.5	11.6	1.8	97.2	212

P77　涼拌秋葵佐莎莎醬

每一份量90克，本食譜含4份

熱量 (大卡)	蛋白質 (克)	脂肪 (克)	飽和脂肪 (克)	碳水化合物 (克)	糖 (克)	鈉 (毫克)	膳食纖維 (克)
52	2.5	1.5	1.5	10.4	2.6	95.7	4.2

P174　芥末木耳

每一份量120克，本食譜含1份

熱量 (大卡)	蛋白質 (克)	脂肪 (克)	飽和脂肪 (克)	碳水化合物 (克)	糖 (克)	鈉 (毫克)	維生素 D (微克)
86	4.0	0.5	0.1	24.0	2.0	270	39.2

P181　青龍辣椒鑲天貝

每一份量195克，本食譜含3份

熱量 (大卡)	蛋白質 (克)	脂肪 (克)	飽和脂肪 (克)	碳水化合物 (克)	糖 (克)	鈉 (毫克)	維生素 B12 (微克)
156	9.5	8.5	1.4	14.0	1.1	79.0	2.6

P200　涼拌海帶干絲

每一份量135克，本食譜含2份

熱量 (大卡)	蛋白質 (克)	脂肪 (克)	飽和脂肪 (克)	碳水化合物 (克)	糖 (克)	鈉 (毫克)	鈣 (毫克)
190	10.5	13.4	2.2	9.5	2.6	602	174

P207　長豆炒茄子

每一份量120克，本食譜含3份

熱量 (大卡)	蛋白質 (克)	脂肪 (克)	飽和脂肪 (克)	碳水化合物 (克)	糖 (克)	鈉 (毫克)	鎂 (毫克)
84	2.5	5.2	0.9	9.1	1.7	354	25.0

P221　涼拌青木瓜

每一份量50克，本食譜含2份

熱量 (大卡)	蛋白質 (克)	脂肪 (克)	飽和脂肪 (克)	碳水化合物 (克)	糖 (克)	鈉 (毫克)
34	1.4	0.3	0.1	8.2	2.9	390

P222　美式烤時蔬

每一份量170克，本食譜含3份

熱量 (大卡)	蛋白質 (克)	脂肪 (克)	飽和脂肪 (克)	碳水化合物 (克)	糖 (克)	鈉 (毫克)	維生素 K (微克)
95.0	4.8	5.8	1.1	10.4	1.5	17.7	35.9

湯品

P47　印尼蔬菜湯

每一份量350克，本食譜含3份

熱量 (大卡)	蛋白質 (克)	脂肪 (克)	飽和脂肪 (克)	碳水化合物 (克)	糖 (克)	鈉 (毫克)	維生素 A (IU)
7.0	2.0	1.3	0.2	13.3	3.3	175	6083

P82　四神湯

每一份量96.5克，本食譜含1份

熱量 (大卡)	蛋白質 (克)	脂肪 (克)	飽和脂肪 (克)	碳水化合物 (克)	糖 (克)	鈉 (毫克)
226	8.7	2.2	0.4	50.3	0	622

P153　韓式泡菜湯

每一份量450克，本食譜含2份

熱量 (大卡)	蛋白質 (克)	脂肪 (克)	飽和脂肪 (克)	碳水化合物 (克)	糖 (克)	鈉 (毫克)	維生素 K (毫克)
160	10.0	8.2	1.8	14.6	2.1	732	68.8

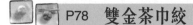

P138　義式脆餅

每一份量26克，本食譜含4份

熱量 (大卡)	蛋白質 (克)	脂肪 (克)	飽和脂肪 (克)	碳水化合物 (克)	糖 (克)	鈉 (毫克)	葉酸 (毫克)	維生素 E (毫克)
118	3.0	4.3	1.6	17.7	6.5	31.5	12.8	1.3

P141　蘋果全麥蛋糕

本食譜共500克，每1份50克共10份

熱量 (大卡)	蛋白質 (克)	脂肪 (克)	飽和脂肪 (克)	碳水化合物 (克)	糖 (克)	鈉 (毫克)	鎂 (毫克)
135	2.4	3.8	0.4	24.7	12.4	14.7	18.6

P154　鳳梨奇亞籽銀耳露

本食譜共7份，每1份280克

熱量 (大卡)	蛋白質 (克)	脂肪 (克)	飽和脂肪 (克)	碳水化合物 (克)	糖 (克)	鈉 (毫克)	膳食纖維 (毫克)
50	1.0	1.0	0	13.0	7.0	2.0	5.0

P164　紅棗核桃饅頭

每一份量70克，本食譜含5份

熱量 (大卡)	蛋白質 (克)	脂肪 (克)	飽和脂肪 (克)	碳水化合物 (克)	糖 (克)	鈉 (毫克)	Omega-3 脂肪酸 (毫克)
253	7.3	7.5	0.7	43.0	6.0	89.0	737

P177　紫米糕

每一份量95克，本食譜含3份

熱量 (大卡)	蛋白質 (克)	脂肪 (克)	飽和脂肪 (克)	碳水化合物 (克)	糖 (克)	鈉 (毫克)	維生素 B12 (微克)
212	6.7	3.6	0.7	38.5	0	74.8	3.6

P182　葵瓜子小窩窩頭

每一份量45克，本食譜含4份

熱量 (大卡)	蛋白質 (克)	脂肪 (克)	飽和脂肪 (克)	碳水化合物 (克)	糖 (克)	鈉 (毫克)	維生素 E (微克)
124	4.6	6.1	0.7	14.0	0	114	4.9

P213　椰奶巧克力堅果慕斯

每一份量120克，本食譜含3份

熱量 (大卡)	蛋白質 (克)	脂肪 (克)	飽和脂肪 (克)	碳水化合物 (克)	糖 (克)	鈉 (毫克)	維生素 E 總量 (毫克)	α-維生素 E 當量 (毫克)
357	5.7	32.6	23.0	14.4	5.0	15.9	4.3	2.0

P217　蕉香五穀煎餅

每一份量78克，本食譜含1份

熱量 (大卡)	蛋白質 (克)	脂肪 (克)	飽和脂肪 (克)	碳水化合物 (克)	糖 (克)	鈉 (毫克)	鎂 (毫克)
232	4.5	10.3	2.3	32.2	3.6	4.1	68.3

飲品

P44　芝麻胚芽豆漿飲

每一份量250克，本食譜含1份

熱量 (大卡)	蛋白質 (克)	脂肪 (克)	飽和脂肪 (克)	碳水化合物 (克)	糖 (克)	鈉 (毫克)	鋅 (毫克)
259	18.8	12.7	1.9	22.2	-	1.1	5.2

沙拉

醬料

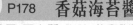

素食，保衛地球與身心靈健康

林俊龍（慈濟醫療法人執行長暨心臟內科專科醫師）

在《全植物飲食醫學與營養健康大關鍵【實用知識篇】》一書裡，羅慶徽副院長帶著讀者過著好生活、選擇好飲食，每晚好睡眠。而緊接著在《全植物飲食醫學與營養健康大關鍵【美味食譜篇】》一書中，由營養團隊仔細說明該如何飲食、如何搭配，攝取哪些營養成分，才能達到良好的生活品質，健康的身心，以及足夠的睡眠品質。

花蓮慈濟醫學中心營養科團隊，在劉詩玉主任的帶領下，多年來在忙碌的臨床工作之餘，仍能出版食譜，推廣素食飲食，2006 年出版的《愛上美味養生素》到現在都還在長銷書之列。

隨著時代演進，市面上充斥著各種食品、化學添加物，甚至各式各樣的保健營養品，也不斷出現一個又一個營養成分的專有名詞，每一種成分都說對身體好，卻可能讓民眾一頭霧水，因此營養師的角色更形重要。現在醫院要全方位照護好病人，非常強調跨團隊整合，營養師是其中不可或缺的一環，尤其是體重過重、過輕或是有慢性疾病、糖尿病的患者，經過營養師一對一的調整三餐及點心的飲食，也都有很好的效果。

我身為心臟內科專科醫師，三、四十年前為了要醫好反覆發作的心臟病人，遍查文獻確定素食是對治心血管疾病的良方，自己先吃素，感受到對自身健康的好處之後，更有信心推廣給病人。

　　從美國回到臺灣之後，也開始投入素食醫學論文研究，並推動建立全球第三大、亞洲最完整的「慈濟素食營養世代研究資料庫」，至今陸續發表素食與疾病關連性的研究論文，例如：從葷轉素能降低糖尿病發生率最高達百分之五十，減少脂肪肝、膽結石、痛風，甚至憂鬱症等疾病發生，而且，在臺灣，素食者所花費的醫療費用相較葷食者低。

　　此書的所有食譜都是全植物性（無蛋無奶）飲食，是環保愛地球的最佳飲食型態。因為奶、蛋要靠畜牧業大量生產，過程中會產生大量的二氧化碳，碳足跡愈多，地球愈容易升溫，地球暖化造成氣候變遷，導致水災、森林大火等天災不斷。能夠採行植物性飲食，依照營養團隊建議的飲食指引，聰明吃，也能吃得健康又美味。

　　《全植物飲食醫學與營養健康大關鍵【美味食譜篇】》在營養攝取的基礎上，變化料理菜色，色香味俱全，是一本絕佳的全植物飲食營養全書，值得推薦，樂為之序。

天天蔬食　吃進完整營養素

林欣榮（花蓮慈濟醫學中心院長）

　　這本食譜是花蓮慈濟醫院營養科團隊根據副院長羅慶徽教授《全植物飲食醫學與營養健康大關鍵【實用知識篇】》素食營養概念設計的 72 道料理；在國民健康署的「我的餐盤」中告訴我們一日三餐大概要攝取那些食物，就可得到均衡的營養，而這 72 道食譜設計，可以讓素食的朋友不僅可以輕易的烹調出美味菜餚，更重要的是在三餐中吃進完整的營養。

　　在羅慶徽教授撰寫的《全植物飲食醫學與營養健康大關鍵【實用知識篇】》這本書，有很大的篇幅在「解茹素謬誤」，同時提供完整的素食觀念，並告訴我們如何補充維生素 B12，如何攝取足夠的蛋白質、鈣質、維生素 D，如何選擇好的脂肪、好的醣類，如何擁有好的睡眠……讓吃素不僅是友好世界與萬物結好緣的選擇，也可以吃得健康無煩惱。

　　相信有不少讀者看了《全植物飲食醫學與營養健康大關鍵【實用知識篇】》一書之後，再加上有感於全球氣候變遷、各種變種病毒帶來的災難，想要做點什麼為地球和這世界盡點心力，我想蔬食或素食是最簡單入門的，不用花大錢，只要從生活飲食中開始改變，從每天一餐素，逐步增加到每週三天素、隔天素，到天天素食，甚至即刻葷轉素，相信這世界一定會因眾人的善意而更美好。

　　對於吃素的朋友，會有些許困擾的大概就是如何均衡飲食，吃進足夠的營養素，在這本食譜，可以看到營養師針對調整免疫力、護肝、顧腸護胃、糖尿病管理，以及蛋白質類、全穀類、脂肪類、膳食纖維，選用日常生活中常見的食材設計出各種料理⋯⋯有中式、有西式，醬料的調配，有些料理還有淨心、安眠、讓人好心情的效果。

　　親愛的朋友，坐而言不如起而行吧，歡迎您加入蔬食、素食行列，花蓮慈濟醫院與原水文化已合作出版多本蔬食食譜，無論是配合二十四節氣當令食材、護腎蔬療、高齡長者客製或中醫養生⋯⋯，多樣化又可輕易上手，除了推廣蔬食護生護大地的善念之外，最重要的就是希望讓您在素食中吃得營養、吃得美味、吃得健康、吃得幸福。

原型食物巧搭配，營養 1＋1 ＞ 2

劉詩玉（花蓮慈濟醫學中心營養科主任）

我們在日常蔬食生活中，除了追求食物美味，是否想過如何用最簡單的料理，來保留住原型食物原味又不失營養？就食物營養學來看，單吃某些食物可能無法發揮其最大的營養價值，但是，搭配一些別的食材後，既能享受到美味，又能讓營養價值加倍，這些原型食物組合是什麼？經由巧妙的原型食物組合來最大化營養價值，又不會增加額外的食物成本，這不失為具有高經濟效益的健康蔬食方式。

從健康飲食角度而言，吃什麼食物雖然很重要，但怎麼讓營養吸收得好，才是最關鍵的環節。

而當某些原型食物組合起來一同吃時，令原型食物蘊藏的營養成分更易釋放，藉由相助與互補的作用，能幫助人體有效地吸收所需的營養，以及舒緩消化，則得以將原型食物的營養價值發揮到極致。如果想要實現這營養吸收的最大化，「1＋1 ＞ 2」，我們就需要找到營養成分能夠相互促進的最佳原型食物組合，料理出口味多元，又有豐富營養的蔬食餐。

我們搶先分享書中營養師所提供的「鈣＋維生素 D」原型食物組合食譜吧！

　　我們都知道成年人骨骼中的鈣質會隨著年齡流失，即使瘋狂補鈣，缺乏維生素 D 也是枉然。「鈣＋維生素 D」才是讓人體吸收鈣質的完美原型食物組合！傳統市場的石膏豆腐含有大量鈣質，不妨用它來配搭富含維生素 D 的日晒香菇，組合成家常料理「香菇豆腐湯」，便能發揮食物的營養價值，並促進人體吸收，簡單輕鬆地實現營養加倍的蔬食目標。

　　本食譜版工具書以植物性、全食物、無蛋、無奶及最佳原型食物組合為理念，為讀者帶來更深入的健康蔬食知識。此書集結經常受邀於慈濟志工早會分享，亦常前往慈濟基金會各分會演講的花蓮慈濟醫學中心羅慶徽副院長，與醫院內營養師團隊，聯手合作設計 72 道營養加倍的美味蔬食料理。

　　書中不僅為您呈上各國文化特色料理的食譜，及營養倍升的原型食物組合，料理秘技無私傳授，以實用的工具書為編輯導向，菜式豐富且多元，包含涼菜、主食、濃湯、沾醬料等等，一書即全餐。推薦讀者下廚料理美味，吃出營養；沒有空親自下廚，也擁有營養加倍的正確觀念，人人蔬食好健康。

打造飲食健康力—
強化營養吸收的料理高手

花蓮慈濟醫學中心營養科團隊

營養不流失

　　蔬果自熟成採摘開始到入口化為營養素，歷經了採收、運送、採買、存放、清洗、料理等過程，而每個關卡或多或少都會造成營養素的流失。其中，料理食材的最後一步驟「製備、烹調」方式的選擇更是決定營養素保留多少重要關鍵。舉例來說：

| 維生素 C | 容易受到溫度及空氣（氧化）的影響，適合採取「**生食**」、製備後立即食用的方式，才能獲得最多的維生素 C。 |

| 水溶性維生素及部分的礦物質（如鉀離子） | 則會隨著烹煮的時間流失大量的水溶性維生素。**縮短加熱時間**，如以「**水炒或油炒**」或「**汆燙**」取代於湯水中長時間烹煮。又如可以「**勾芡、燴**」的方式來保留住湯汁中的營養素。 |

　　University of Warwick 曾進行一個研究，將四種十字花科蔬菜（青花菜、高麗菜、花椰菜及球芽甘藍）水煮、蒸熟、微波、油炒後，分別測量蔬菜的硫代配醣體流失量。結果發現以下的結論：

「**水煮**」隨著時間增加，硫代配醣體流失量最多。

「**蒸煮**」則是最能保留營養素的烹調方式。

「**微波**」以蔬菜的水分當介質，加熱變熟，可減少營養素流失。

「**烘烤**」也是避免營養素流失於水中的烹調法之一。

　　除了上述烹調方式的選擇之外，也可運用**搭配油脂**的烹調方式幫助脂溶性營養素的吸收，以 2005 年在 Asia Pacific Journal of Clinical Nutrition 的小型人體試驗文獻為例，探討受試者在食用以橄欖油烹調的番茄和不用油烹調的番茄後血中茄紅素濃度，結果發現一天吃一次油烹番茄，血中茄紅素濃度比沒吃前增加許多。

簡單學——營養師最推薦【烹調營養不流失】的料理法

1 生食、汆燙法

- 生食可保留最大程度新鮮蔬果中的維生素B及C。
- 不適合生食者，則可以汆燙後食用。

酪梨鮮果丁
（P.36）

菠菜納豆
涼菜
（P.61）

能量飯糰
（P.53）

涼拌秋葵
佐莎莎醬
（P.77）

胡麻龍鬚菜
（P.149）

2 蒸煮、燉煮法

- 蒸煮法對食材原有的分子結構破壞最少。
- 燉煮法則是將營養素分解入湯，容易被消化吸收。

海髮菜羹
（P.40）

蒸煮豆
和風沙拉
（P.106）

地瓜甘露煮
（P.137）

雙金茶巾絞
（P.78）

義式燉飯
（P.214）

3 微波、烘烤法

- 微波溫度高，可在最短時間完成食物製備。
- 烘烤溫度越高、時間越久，產生的質變越高。

彩蔬披薩
（P.73）

鹽味烤豌豆
（P.129）

義式脆餅
（P.138）

葵瓜子
小窩窩頭
（P.182）

橄欖油羽衣甘藍
天貝溫沙拉
（P.163）

搭配油脂好吸收：

1 維生素 A、K

脂溶性維生素結合食物中的油脂，更容易被消化與吸收。

韓式蔬食捲
（P.39）

印尼蔬菜湯
（P.47）

105 度醬落飯
（P.93）

咖哩薑黃麵
（P.74）

木瓜麵粉煎
（P.126）

韓式泡菜湯
（P.153）

霧都水煮香菜腐竹
（P.105）

韓式馬鈴薯煎餅佐胡蘿蔔醬
（P.122）

2 茄紅素

- 茄紅素屬類胡蘿蔔素的一種，具高抗氧化能力。
- 經過加熱與加工，更容易被人體吸收。

普羅旺斯
燉菜
（P.57）

雜菜冬粉
（P.94）

印度烤餅佐
堅果咖哩醬
（P.124）

墨西哥辣椒番茄湯
（P.203）

3 選好油

不同料理適合不同油品，建議以植物油為優先，依脂肪酸比例及發煙點來選油。

苦茶油
豆鼓辣椒醬
（P.159）

紅棗核桃
饅頭
（P.164）

巴西堅果
青醬
（P.168）

S 辣醬
（P.160）

酪梨香蕉
芝麻飲
（P.167）

4 快炒法

短時間高溫加熱的快炒方式，可保留蔬菜的營養素。

奇異果甜椒炒菇
（P.65）

日式炒牛蒡
（P.70）

清炒甜椒豌豆苗
（P.150）

營養素互補與強化

　　蔬食者常被提問的是「吃素真的營養嗎？」在營養學上，我們常說「豆魚蛋肉類」是優質蛋白質食物來源，查了資料發現蛋及奶類是完全蛋白質，但黃豆缺乏豆類的限制胺基酸——甲硫胺酸，為什麼是優質蛋白質來源？所謂「**蛋白質的品質」，就是要考量各類食物中胺基酸組成含量和比例，以及不同食物蛋白對於人體的消化利用率。**

　　現今較推薦的蛋白質品質評估方法 ——PDCAAS 蛋白質消化率校正的胺基酸分數（The Protein Digestibility-Corrected Amino Acid Score, PDCAAS），PDCAAS 值為 1 的食物，可稱為「優質蛋白質」，其中蛋的 PDCAAS 值為 1，牛奶為 1，牛肉為 0.92，黃豆為 0.91。因此，**黃豆的營養和肉類是接近的喔。**

　　穀類、米麵類缺乏離胺酸，「**黃豆＋穀類、米麵類」互相搭配食用，就可以克服黃豆類甲硫胺酸不足的問題。**除了胺基酸的互補作用之外，多組合各類食物同時吃，也可同步利用多種營養素間的互助來提升營養價值。

　　常見的包含「**鎂、鈣和維生素 D**」的組成，藉由鎂和鈣這兩種礦物質吸收進入血液的途徑相似，鎂同時有助於保持血鈣的平衡。維生素 D 有助腸道礦物質的吸收與體內鈣的調節。「**維生素 K 與鈣**」合作無間，維生素 K2 可支持骨鈣素的作用及維持健康的心血管循環系統。

「鈉和鉀」的平衡有助於血壓的穩定。「B12 和葉酸」的共同運作參與紅血球的細胞分裂與複製，B 群更是身體多種代謝的輔助因子。最常見「鐵＋維生素 C」運用維生素 C 來幫助鐵的吸收；維生素 C 本身也是抗氧化成分之一，有助免疫系統的維持。

　　此外「菇藻類結合蛋白質」組合，藉由菇類的多醣體與優質足夠的蛋白質來提升免疫功能，更是強化身體機能不可或缺的一環，以下則是本書中營養素互補與強化的食譜參考：

簡單學——營養師最推薦【營養素互補與強化】的料理法

1 全穀＋豆類

二者結合可以互補胺基酸不足的問題與提升產品的營養價值。

全麥 Pita 佐中東式
鷹嘴豆藜麥丸
（P.88）

雙色豆泥
（P.102）

綠牡丹萩餅
（P.110）

麻油黃豆黑米飯
（P.109）

全麥捲餅
（P.113）

2 維生素 K 與鈣

維生素 K 與鈣的搭配，有助維持循環系統的健康。

青龍辣椒鑲天貝
（P.181）

涼拌海帶干絲
（P.200）

鮮菇味噌炊飯
（P.204）

菠菜納豆涼菜
（P.61）

3 鎂、鈣和維生素 D

芥末木耳
（P.174）

鈣、鎂與維生素 D 在人體內的協同作用，可幫助血鈣平衡。

芝麻胚芽
豆漿飲
（P.44）

蘋果
全麥蛋糕
（P.141）

香菇海苔醬
（P.178）

日式漢堡排
（P.185）

炙燒椒饗曲
握壽司
（P.186）

長豆炒茄子
（P.207）

椰奶巧克力
堅果慕斯
（P.213）

蕉香
五穀煎餅
（P.217）

4 鈉和鉀

鉀離子與鈉離子的平衡，有助維持細胞功能結構的完整與體液平衡。

日式炒牛蒡
（P.70）

咖哩番茄豆腐煲
（P.81）

四神湯
（P.82）

涼拌青木瓜
（P.221）

彩蔬披薩
（P.73）

5 維生素 B12 和葉酸／B 群

維生素 B 群是人體重要輔酶，幫助食物轉換為能量、調節生理機能。

潛艇瓜
（P.62）

韓式石鍋拌飯
（P.121）

BBQ 菇排
（P.146）

紫米糕
（P.177）

義式脆餅
（P.138）

義式燉飯
（P.214）

6 鐵＋維生素C

維生素 C 可以輔助植物性鐵質吸收。

海髮菜羹
（P.40）

韓式檸檬柚子茶
（P.54）

義式涼拌番茄
（P.196）

綠拿鐵
（P.199）

甜在心炒飯
（P.218）

7 菇藻類結合蛋白質

蕈菇類與藻類富含多醣體，搭配蛋白質有助免疫功能提升。

日式相撲鍋
（P.35）

韓式蔬食捲
（P.39）

紅莧腐皮羹
（P.43）

海苔豆腐煎餅
（P.58）

植物奶彩蔬全麥義大利麵
（P.90）

《卷一》 一念悟時 好生活

　　保持健康，才能好好生活，預防醫學，是重要的遵循概念；增加免疫力，防護性的疫苗注射，定期的身體檢查，做好日常的慢性病管理。

　　「要活就要動」，做環保，也是一種運動方式，身體運動，帶動腦部運動更靈活。

　　《六祖壇經》有云：「一念不悟，佛是眾生。一念悟時，眾生是佛。」時時感受，時時正念，時時好生活。

| 免疫力 |

要提升免疫力，必不可少的五大營養素——A、C、D、E 和鋅。

除了**維生素 D** 可以透過適度的晒太陽，讓體內自然合成之外，維生素 A、C、E、鋅都只能透過飲食攝取。

關於**維生素 A**，除了眾所周知，和夜盲症的關聯之外；維生素 A 也和鼻子、口腔、腸道、肺部等身體各處黏膜的健康有關，是維護免疫力第一道防線，可以阻止細菌、病毒入侵身體的重要維生素。

優質維生素 A 來源

黃色及橙色的全穀雜糧與蔬果

▲ 玉米

▲ 胡蘿蔔

深綠色的蔬菜

花椰菜　　　　　山苦瓜

黃色及橙色的全穀雜糧與蔬果（如地瓜、胡蘿蔔、南瓜、玉米等）以及深綠色的蔬菜（如菠菜、綠花椰菜、山苦瓜、芥蘭等）都是優質維生素 A 的食物來源。維生素 A 是脂溶性的維生素，對熱的溫度安定性很高，因此，**用油炒過或是和堅果種子類一起食用，吸收率效果較高。**

維生素 C 會刺激體內產生「干擾素」，能破壞病毒；除了能抗氧化，還能調節人體免疫機制。維生素 C 普遍存在於各類蔬

果之中，但維生素 C 在加熱過程中非常容易被破壞，因此，建議還是從天然的水果中攝取維生素 C 較為理想，如：奇異果、柑橘類、芭樂、番茄等，都是良好的維生素 C 來源。

維生素 E 又被稱為「生育醇」，能維護黃體素及卵巢的健康；維生素 E 具有很強大的抗氧化能力，能避免細胞受到氧化物的破壞；同時，還能啟動免疫細胞，有助於製造抗體，增加 T 細胞的活性；在增強免疫力方面是很重要的角色。適量的補充天然的維生素 E，能阻斷亞硝酸鹽的破壞，有助於抑制腫瘤。

維生素 E 是脂溶性的維生素，但補充過量可能會造成凝血功能異常或是降低鐵的吸收等問題，因此，從天然食物攝取，是更安全的補充方式。堅果種子類是維生素 E 的良好食物來源。至於攝取量，建議參照衛生福利部推廣的「我的餐盤」──每天堅果種子一茶匙。

每日堅果一茶匙→增強免疫、抑制腫瘤

鋅是合成細胞膜的重要營養素之一，是免疫細胞順利生長的必需營養素；同時鋅還能對抗自由基，在身體發炎時，能減少自由基對細胞的傷害；同時，鋅也是體內許多酵素合成的重要輔酶。

缺少鋅可能會造成免疫低下、認知功能變差、傷口癒合不良、腸道功能變差等症狀。蔬食中，鋅的主要食物來源是全穀類、黃豆或黑豆等及其製品，還有堅果種子類，小麥胚芽、豆腐、芝麻等都是常見含鋅的食材。

鋅的主要食材→減少自由基對細胞的傷害

堅果種子類

小麥胚芽

全穀類

豆腐

黃豆或黑豆及其製品

芝麻

此外，**吃飯時，選擇蔬菜「五顏六色」**，因為各種顏色的蔬果含有大量的植化素，能抗氧化、增強免疫力。

缺鐵會造成貧血、體力變差，肌肉合成減少等問題，所以在料理中設計**海菜類的食物，可攝取到豐富的鐵質**。菇類也是很好的食材搭配選擇，**菇類含有多醣體**，可以幫助白血球的生成和活動，提升體內抗病菌的能力。而且菇類含有硒、維生素 B2、菸鹼酸等豐富營養素，都有維持免疫力的功能。

▲ 攝取「五顏六色」的蔬菜補充不同植化素。

　　十字花科的蔬菜含有吲哚（indole）、**蘿蔔硫素**等抗癌成分，能活化上皮淋巴細胞，維持免疫系統的健全。高麗菜、花椰菜、白菜、青江菜、芥藍菜、芥菜、油菜等都是常見的十字花科蔬菜。

　　素食的每日飲食指標中，也有「深色蔬菜營養高，菇藻紫菜應俱全」的飲食目標。新的研究認為，免疫細胞需要鈣來傳遞訊息，缺少鈣可能造成免疫失調的問題，**含鈣量較多的蔬食來源是傳統豆腐、豆干、芝麻**等。

　　另外，蛋白質攝取不足，也會造成免疫細胞合成不良；因此，每天在攝取全穀類的同時，建議同時攝取足夠的大豆及其製品，如黃豆、毛豆、豆腐等優質蛋白，以達到胺基酸的攝取平衡。

▲ 菇藻紫菜是每日營養的飲食之一。

　　單一種類的食物攝取過與不及，都會對身體產生傷害；因此想要增進身體的免疫力，最重要的還是必須均衡飲食；建議多樣化的均衡攝取六大類食物，以粗食原味為主，減少加工食物，並維持良好的運動及規律的生活。

攝取全穀類＋優質蛋白質→強化免疫力及抵抗力

全穀類　　　　　　　　　優質蛋白質
豆腐　　or　　毛豆　　or　　黃豆

營養不流失，營養師這樣說——

菠菜含有豐富的葉酸，然而蔬菜中的
礦物質與水溶性維生素會因切割大小
與加熱時間長短而流失與破壞，
所以在烹煮湯品的葉菜類的時間
不宜過久。利用味增調味可促進
食慾攝取，建議當餐烹調並趁
新鮮食用適量湯汁，有益吸收
水溶性營養素。

免疫力

配菜　難易度｜★★　烹調時間｜**40** 分鐘

1 日式相撲鍋

材料

菠菜	200 克
胡蘿蔔	40 克
番茄	25 克
板豆腐	160 克
新鮮香菇	50 克
鴻喜菇	50 克
黑木耳	25 克

調味料

味噌	30 克

作法

1 將菠菜清洗，切段，每段約 5 公分長；胡蘿蔔洗淨去皮，斜切約 1 公分厚片。

2 番茄，洗淨，切塊；板豆腐切 3 公分立方塊狀，備用。

3 香菇、鴻喜菇、黑木耳分別洗淨，用紙巾擦乾 水分，切片，備用。

4 取湯鍋，倒入水 1000 毫升煮滾，放入全部的 材料，轉中火煮約 15 分鐘，待全部食材熟透， 加入味噌調味拌勻，即可食用。

【營養成分分析】每一份量 320 克，本食譜含 2 份

熱量 （大卡）	蛋白質 （克）	脂肪 （克）	飽和脂肪 （克）	碳水化合物 （克）	糖 （克）	鈉 （毫克）	葉酸 （微克）
185	13.0	6.3	1.5	20.0	4.5	744	267

2 酪梨鮮果丁

材料

中型芭樂	150 克
蘋果	30 克
柳橙	30 克
黃金奇異果	50 克
紅甜椒	30 克

調味料

酪梨	50 克
番茄	20 克
九層塔葉	5 克
鹽	1/2 茶匙
綜合胡椒粉	1/2 茶匙
檸檬汁	10 毫升

作法

1 芭樂洗淨，對半切，將中心籽挖空，做成沙拉器皿。

2 將蘋果、柳橙、黃金奇異果、紅甜椒洗淨，去籽，分別切小丁，放入沙拉器皿中，備用。

3 酪梨洗淨，去皮及去籽，果肉壓成泥狀；番茄切小丁、九層塔葉洗淨，切末，備用。

4 將全部的調味料放入容器中，混合拌勻，淋在作法 2 的水果沙拉器皿，即可食用。

【營養成分分析】每一份量 165 克，本食譜含 2 份

熱量 （大卡）	蛋白質 （克）	脂肪 （克）	飽和脂肪 （克）	碳水化合物 （克）
153	3.2	2.4	0.7	37.9

糖 （克）	鈉 （毫克）	維生素 C （毫克）
3.1	868	323

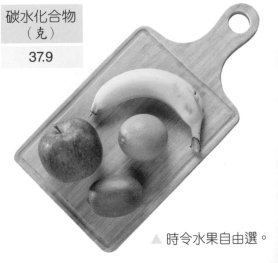

▲ 時令水果自由選。

營養不流失，營養師這樣說——

維生素 C 廣泛存在於蔬菜水果中，但維生素 C 不耐熱、不耐光，不耐久放，容易氧化，再加上國人烹煮習慣，所以生鮮水果就成為攝取維生素 C 的主要來源。請記得現做現吃，才能聰明的攝取維生素 C。

營養不流失，營養師這樣說——

胡蘿蔔富含維生素 A，而維生素 A 屬於脂溶性維生素，
建議可使用橄欖油或大豆油等一起搭配食用，增加其吸
收率。

主食　難易度｜★　烹調時間｜**30**分鐘

免疫力

3 韓式蔬食捲

材料
生豆皮	4 片
胡蘿蔔	30 克
紅心地瓜	30 克
小黃瓜	30 克
韓式泡菜	100 克

調味料
醬油	1 茶匙
大豆油	1 湯匙

作法

1 將胡蘿蔔、紅心地瓜分別洗淨,去皮,切絲,放入滾水中汆燙1～2分鐘,撈起,放涼,備用。

2 小黃瓜洗淨,與韓式泡菜分別切成絲;將生豆皮每一片展開,分別切對半。

3 取一片生豆皮,鋪上適量的胡蘿蔔絲、紅心地瓜絲、小黃瓜絲及韓式泡菜絲,淋上少許醬油。

4 將生豆皮捲起(捲緊,才不易掉出來,收口處朝下),依序全部完成,即成蔬食腐皮捲。

5 取平底鍋倒入大豆油加熱,放入蔬食腐皮捲(收口處朝下),以中火煎至表面焦香金黃,即可食用。

【營養成分分析】每一份量 92.5 克,本食譜含 4 份

熱量 (大卡)	蛋白質 (克)	脂肪 (克)	飽和脂肪 (克)	碳水化合物 (克)	糖 (克)	鈉 (毫克)	維生素A (IU)
136	8.7	8.5	1.4	7.1	1.2	266	1380

4 海髮菜羹

材料

昆布	10 克
薑絲	5 克
香菇絲	20 克（新鮮或泡發後）
新鮮黑木耳絲	10 克
胡蘿蔔絲	10 克
金針菇	20 克
海髮菜	（生乾無調味）50 克
蓮藕粉	10 克

調味料

芥花油	1 茶匙
鹽	1/2 茶匙
胡椒粉	1/2 茶匙
烏醋	1 茶匙

作法

1 昆布洗淨後，放入湯鍋，倒入冷水約 600 ～ 700 毫升，煮滾 5 分鐘後熄火，取出昆布，即成昆布高湯，備用。

2 取一炒鍋，倒入芥花油，放入薑絲、香菇絲爆香，加入昆布高湯，以中火煮滾。

3 放入黑木耳絲、胡蘿蔔絲、金針菇、撕成散狀的海髮菜，轉中火煮至熟。

4 加入鹽、胡椒粉調味，慢慢倒入蓮藕粉水，邊攪拌勾芡（蓮藕粉與水比例約 1：4，可視個人口味調整）。

5 起鍋前或食用前，可加入烏醋調味（亦可搭配香菜，增添風味），即可食用。

【營養成分分析】每一份量 300 克，本食譜含 2 份

熱量 （大卡）	蛋白質 （克）	脂肪 （克）	飽和脂肪 （克）	碳水化合物 （克）	糖 （克）	鈉 （毫克）	鐵 （毫克）
108	10.7	3.1	0.5	17.3	0.6	615	16.1

免疫力

營養不流失，營養師這樣說——

海髮菜（紅毛苔）含鐵量高，為植物性鐵質的來源之一，記得吃完後加吃一份水果，讓水果裡的維生素 C 幫助植物性來源的鐵質更好吸收。

營養不流失，營養師這樣說——

若有貧血問題也可能影響免疫力，除了補充礦物質鐵，也要加強蛋白質攝取。再次提醒，隨餐飯後來碗新鮮水果，因為維生素 C 可以促進鐵質吸收。

 配菜　難易度｜★★★　烹調時間｜ **15** 分鐘

免疫力

5 紅莧腐皮羹

材料

紅莧菜	300 克
新鮮豆腐皮	1 片（約 35 克）
乾香菇	3 朵（約 5 克）
新鮮黑木耳	1 朵（約 25 克）

調味料

芝麻油	1 大匙
鹽	1/4 茶匙
蓮藕粉	1 茶匙

作法

1 紅莧菜洗淨，去除根部，切段；豆腐皮，切丁。

2 乾香菇加水 150 毫升浸泡至軟化，切絲，預留香菇水；黑木耳洗淨，切絲，備用。

3 取炒鍋，倒入芝麻油加熱，依序放入香菇絲、黑木耳絲、豆腐皮炒香。

4 放入紅莧菜拌炒，倒入水 2 碗，轉中火煮 2 ～ 3 分鐘，加入鹽調味。

5 將蓮藕粉放入香菇水攪拌均勻，慢慢倒入**作法 4** 的鍋中，一邊攪拌勾芡，即可食用。

【營養成分分析】每一份量 120 克，本食譜含 3 份

熱量（大卡）	蛋白質（克）	脂肪（克）	飽和脂肪（克）	碳水化合物（克）	糖（克）	鈉（毫克）	鐵（毫克）
97	6.0	6.6	1.2	6.9	0.3	131	9.2

6 芝麻胚芽豆漿飲

材料

淨斯豆漿粉	25 克
小麥胚芽	25 克
黑芝麻粉	10 克

作法

1　淨斯豆漿粉放入湯杯，倒入常溫水 100 毫升，用湯匙攪拌至無顆粒狀。

2　放入小麥胚芽、黑芝麻粉，再倒入溫水 150～200 毫升拌勻，即可飲用。

【營養成分分析】每一份量 250 克，本食譜含 1 份

熱量 （大卡）	蛋白質 （克）	脂肪 （克）	飽和脂肪 （克）	碳水化合物 （克）	糖 （克）	鈉 （毫克）	鋅 （毫克）
259	18.8	12.7	1.9	22.2	-	1.1	5.2

營養不流失，營養師這樣說——

植物飲食中可從全穀雜糧類、堅果種子類及豆類補充鋅，每
日一杯可達每日人體女性 1/4、男性達 1/5 的建議攝取量。

營養不流失，營養師這樣說——

將馬鈴薯透過先煎炒方式處理，可讓馬鈴薯在煮湯的過程中不易化開，幫助定型。更能讓胡蘿蔔中的脂溶性胡蘿蔔素溶於油脂之中，增加維生素 A 吸收率。利用具甜味的蔬果及菇類增加湯的鮮度，並在起鍋前才調味，可以減少鹽的使用量。

免疫力

 湯品 　難易度｜★ 　烹調時間｜**45**分鐘

7 印尼蔬菜湯

材料

高麗菜	120 克
番茄	40 克
玉米筍	20 克
馬鈴薯	100 克
胡蘿蔔	80 克
蘋果	50 克
金針菇	30 克
橄欖油	3 克

調味料

薑片	2 片
丁香	1～2 粒
肉桂	1 小片
肉豆蔻	1/2 粒
鹽	1/4 茶匙
胡椒粉	少許

作法

1 先將蔬果分別洗淨。高麗菜、番茄、玉米筍切為適口的大小。

2 馬鈴薯去皮、胡蘿蔔洗淨，切滾刀；蘋果去皮，切塊。

3 取炒鍋，倒入橄欖油，放入馬鈴薯、胡蘿蔔，以中火煎到表面微微焦黃（幫助定型）。

4 取一湯鍋，倒入水 700 毫升，放入馬鈴薯、胡蘿蔔、番茄、玉米筍、蘋果、薑片、一半的高麗菜，轉中小火燉煮 15 至 20 分鐘。

5 再放入剩餘的高麗菜、金針菇、丁香、肉桂、敲碎的肉豆蔻燉煮約 10 分鐘，起鍋前加入鹽、胡椒調味，即可食用。

【營養成分分析】每一份量 350 克，本食譜含 3 份

熱量（大卡）	蛋白質（克）	脂肪（克）	飽和脂肪（克）	碳水化合物（克）	糖（克）	鈉（毫克）	維生素 A（IU）
7.0	2.0	1.3	0.2	13.3	3.3	175	6083

| 護肝 |

　　肝臟是負責眾多營養素代謝轉換與儲存的重要器官，全身細胞營養必需均衡來自全穀雜糧、優質豆類蛋白質、蔬菜、水果以及適量好油之熱量與營養素代謝，以前有個廣告詞「肝若好，人生就是彩色的」，營養學最重要就是在提醒餐餐盡量利用色彩多元的豐富食材，均衡搭配適量攝取才能創造精彩的人生。

肝臟是負責眾多營養素代謝轉換與儲存的重要器官

肝臟可以說是人體最大的超級化學工廠，兼具了「加工製造」、「垃圾處理」與「毒物管理」等多重功能。

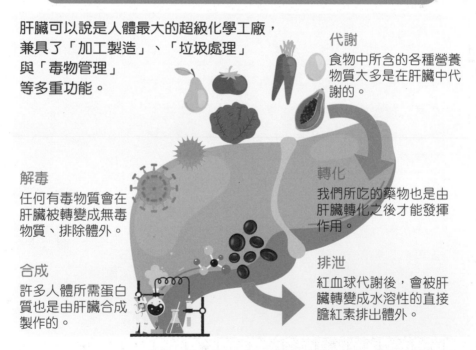

代謝
食物中所含的各種營養物質大多是在肝臟中代謝的。

解毒
任何有毒物質會在肝臟被轉變成無毒物質、排除體外。

轉化
我們所吃的藥物也是由肝臟轉化之後才能發揮作用。

合成
許多人體所需蛋白質也是由肝臟合成製作的。

排泄
紅血球代謝後，會被肝臟轉變成水溶性的直接膽紅素排出體外。

　　「**能量飯糰**」的料理設計，是富含礦物質與維生素 B 群的五穀飯，搭配蔬菜、豆皮，同時兼顧正餐熱量與蛋白質的最佳比例。

　　餐間飢餓想來一杯飲料時，**韓式柚子茶**含有維生素 C 的檸檬與柚子果醬的醣類可以讓肝醣恢復，因為當食物攝取的能量不足時，肝醣就會分解以維持正常血糖濃度，而熱量過多時則會以脂肪型態儲存，因此適度攝取足量蔬菜才可以增加飽足感。

　　一道口感柔軟而富含維生素 A 與茄紅素的「**普羅旺斯燉菜**」，可提供色彩繽紛的抗氧化植化素，讓辛勤工作的肝臟細胞首先得到療癒，而且這道菜老人、大人、小孩都適合食用。

▲ 韓式檸檬柚子茶（詳見第 54 頁）。

▲ 普羅旺斯燉菜（詳見第 57 頁）。

「**海苔豆腐煎餅**」運用的食材有板豆腐、壽司海苔、全麥麵粉，搭配簡單的調味，容易有飽足感、好吃又健康，且含有完整胺基酸可以使肝臟合成白蛋白，維持身體酸鹼平衡。

　　「**菠菜納豆涼菜**」以涼拌菠菜及納豆的組合，是一道清新爽口的低熱量配菜，運用汆燙後涼拌的方式，可避免過度高溫油炒青菜，而破壞油脂品質與水溶性維生素流失，盡可能保留菠菜的葉酸。餐餐過量油脂攝取，也可能造成肥胖及脂肪肝。

▲ 海苔豆腐煎餅（詳見第 58 頁）。

▲ 菠菜納豆涼菜（詳見第 61 頁）。

「**奇異果甜椒炒菇**」及「**潛艇瓜**」料理的重點,都是多樣化選擇原型豆類與蔬果類,富含可溶和不溶性膳食纖維,能減緩胃部消化速度,讓人有飽足感,避免餐間飢餓,且纖維有助於吸收人體內的膽固醇並排出體外。

這樣的美味佳餚能維持理想體重,再適度搭配運動,可避免肥胖,保持正常基礎代謝。

▲ 奇異果甜椒炒菇（詳見第 65 頁）。　　▲ 潛艇瓜（詳見第 62 頁）。

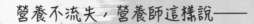

營養不流失，營養師這樣說——

五穀飯含有豐富的 B 群，搭配天然新鮮蔬菜。蔬菜不加熱可保留較多的 B 群。

【營養成分分析】每一份量 234 克，本食譜含 1 份

熱量 （大卡）	蛋白質 （克）	脂肪 （克）	飽和脂肪 （克）	碳水化合物 （克）	糖 （克）	鈉 （毫克）
439	18.7	24.1	3.7	40.2	1.3	116

B1 （毫克）	B2 （毫克）	菸鹼素 （毫克）	B6 （毫克）	葉酸 （微克）	B12 （微克）
0.3	0.2	3.6	0.5	56.6	1.1

護肝

 主食　難易度 | ★　烹調時間 | 15 分鐘

1 能量飯糰

材料

五穀飯	半碗（約 80 克）
壽司海苔片	1 張
豆腐皮	50 克
大番茄片	25 克
小黃瓜片	20 克
玉米粒	20 克
韓式泡菜	20 克
黑芝麻	3 克

調味料

| 橄欖油 | 1 湯匙 |
| 匈牙利紅椒粉 | 少許 |

作法

1 取平底鍋，倒入橄欖油，放入豆腐皮煎熟，備用。

2 再依照數字（如右圖），壽司海苔片用剪刀剪一刀，依序往上堆疊大番茄片、小黃瓜片、玉米粒。

3 再將熟豆腐皮、五穀飯、黑芝麻、韓式泡菜，放置海苔片上，撒入匈牙利紅椒粉。

4 將壽司海苔片與食材折疊起來，接著用保鮮膜包覆，切對半，即成。

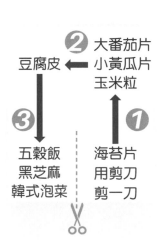

② 大番茄片 小黃瓜片 玉米粒

豆腐皮 ⬅

③ 五穀飯 黑芝麻 韓式泡菜

① 海苔片用剪刀剪一刀

飲品　難易度｜★　烹調時間｜5分鐘

2 韓式檸檬柚子茶

材料

檸檬	60克（半顆）
韓式柚子果醬	3 大匙
冷水（可依個人口味調整）	300 毫升

作法

1 檸檬半顆切四片狀，取三片擠汁，一片當裝飾，備用。

2 韓式柚子果醬、檸檬汁及冷水，加入杯中攪拌均勻。

3 再取檸檬片掛在杯口上裝飾，即可飲用。

【營養成分分析】每一份量 405 克，本食譜含 1 份

熱量（大卡）	蛋白質（克）	脂肪（克）	飽和脂肪（克）	碳水化合物（克）
137	0.7	0.7	0.2	33.5

糖（克）	鈉（毫克）	維生素 C（毫克）
25.3	39.0	41.8

營養不流失，營養師這樣說——

柑橘類水果含有豐富的維生素 C，但是維生素 C 容易受到
高溫造成氧化效應，而影響抗氧化的作用，所以建議取用柑
橘類水果宜用冷水或冰水沖泡，比較不會破壞營養成分。

營養不流失，營養師這樣說——

新鮮番茄的茄紅素為脂溶性植化素，具有抗氧化及防癌的
特性，透過前面先油炒的處理，可促進茄紅素溶於油脂中，
增加人體對茄紅素的吸收率。傳統的普羅旺斯燉菜，主要食
材為蔬菜類與根莖類澱粉，此道菜加入屬於優質植物蛋白的
毛豆仁與板豆腐，增加整體優質蛋白質食物的攝取量。

配菜　　難易度｜★★★★　　烹調時間｜ 40 分鐘

護肝

3 普羅旺斯燉菜

材料

牛番茄	200 克（約 1 顆）
南瓜	500 克（約 1/2 個）
綠櫛瓜	210 克（約 1 條）
茄子	100 克（約 2/3 條）
冷凍毛豆仁	90 克
板豆腐	400 克（約 1 大盒）

調味料

橄欖油	2 茶匙
義大利香料	1 茶匙
鹽	1/4 茶匙
黑胡椒粒	1/4 茶匙

作法

1 牛番茄洗淨、切丁；南瓜洗淨、去籽，1/3 去皮、切小丁；2/3 切片，備用。

2 綠櫛瓜、茄子洗淨後，切圓片；毛豆仁燙熟，備用。

3 板豆腐以十字劃兩刀，分成 4 等份，1/4 切小丁，3/4 切片，備用。

4 **醬料製作：**取炒鍋，倒入橄欖油 1 茶匙，放入南瓜丁，以中火炒至半熟後，加入番茄丁、板豆腐丁炒熟，加入義大利香料、鹽調味，放入調理機（或果汁機中）攪打成泥狀，備用。

5 取不沾平底鍋先塗抹少許橄欖油 1 茶匙，再鋪上**作法 4** 的醬料（約 2/3 的量），將南瓜片、綠櫛瓜片、茄子片、板豆腐片與毛豆仁，擺至醬料上面。

6 並淋上剩餘的醬料（約 1/3 的量），蓋上鍋蓋，轉小火烹煮 10～15 分鐘，最後撒上黑胡椒粒，即可食用。

【營養成分分析】每一份量 450 克，本食譜含 3 份

熱量（大卡）	蛋白質（克）	脂肪（克）	飽和脂肪（克）	碳水化合物（克）	糖（克）	鈉（毫克）	植物蛋白（克）
299	19.8	10.2	2.3	39.1	9.7	246	19.8

4 海苔豆腐煎餅

材料

板豆腐	1 塊
壽司海苔	2 張
全麥麵粉	10 克
橄欖油	1/2 茶匙

調味料

白胡椒粉	1/2 茶匙
鹽	1/2 茶匙

沾醬

醬油	1 大匙
黑糖蜜	1 茶匙
冷開水	1 大匙
米醋	1 大匙
香油	1/2 茶匙
熟芝麻	1/2 茶匙

作法

1 將壽司海苔切成三等份長條。

2 **沾醬作法：**將沾醬材料中的黑糖蜜溶於醬油中，再加入冷開水、米醋、香油、熟芝麻拌勻即成。

3 將板豆腐壓碎，擠出水分，加入全麥麵粉，白胡椒粉、鹽調味拌勻。

4 將壓碎的板豆腐平鋪在壽司海苔上，依序完成。

5 取平底鍋，倒入橄欖油加熱，放入壽司海苔豆腐煎至兩面熟（先煎海苔面，再煎豆腐面），捲起後，起鍋，搭配作法 2 調好的醬汁（可淋上或沾食），即可食用。

【營養成分分析】*每一份量 150 克，本食譜含 2 份*

熱量（大卡）	蛋白質（克）	脂肪（克）	飽和脂肪（克）	碳水化合物（克）	糖（克）	鈉（毫克）	鐵（毫克）
242	18.9	10.2	2.6	20.4	1.5	824	5.5

營養不流失，營養師這樣說——

海苔含豐富的礦物質，如：鉀、鈣、鎂、磷、鐵、鋅、銅、錳、硒、碘，維生素 B 群、維生素 A、維生素 E，是素食者維生素與礦物質優良的來源之一。豆腐為優質植物性蛋白質，兩者搭配可提供素食者較全面的營養。

營養不流失，營養師這樣說──

納豆中的納豆酵素不耐熱，食用方式除了單吃，建議可以搭配涼拌菜。

護肝

配菜　難易度｜ ★　烹調時間｜ **10** 分鐘

5 菠菜納豆涼菜

材料

菠菜	80 克
納豆	30 克
熟白芝麻	5 克
海苔絲	3 克

調味料

鹽	1/2 茶匙
醬油	1 茶匙

作法

1 菠菜洗淨，整株放入已加有少許鹽的滾水中汆燙，撈起，放入冷水中降溫（可避免菠菜的色澤發黑），再輕輕的擠乾水分，切段（約 5 公分），擺入容器中，放涼。

2 加入納豆，再淋入醬油、加入白芝麻、海苔絲，即可食用。

【營養成分分析】每一份量 60 克，本食譜含 2 份

熱量 （大卡）	蛋白質 （克）	脂肪 （克）	飽和脂肪 （克）	碳水化合物 （克）	糖 （克）	鈉 （毫克）	維生素 K （微克）
71	2.6	1.7	0.3	13	15.3	690	266

6 潛艇瓜

材料

小黃瓜	150 克
蘋果	130 克
檸檬	1 小顆

雙色抹醬材料

S 辣醬（作法詳見 P.160）	3 大匙
青豆仁	70 克
金針菇	50 克
啤酒酵母粉	15 克

作法

1. 小黃瓜洗淨，先切段（約 5 ～ 8 公分），再削薄片（約 0.3 ～ 0.5 公分），備用。

2. 將蘋果洗淨，去皮及去籽，切片（厚度約 0.3 ～ 0.5 公分）；檸檬擠出原汁，浸泡蘋果片（避免氧化變黑）。

3. 青豆仁放入鹽水中燙熟，撈起；金針菇去除根部，用水沖淨，燙熟，備用。

4. 將青豆仁、金針菇、啤酒酵母粉，放入食物調理器一起攪打，即成青豆仁醬，再將青豆仁醬及 S 辣醬（作法詳見第 160 頁）分別裝入醬料盤中，即完成雙色抹醬。

5. 黃瓜片疊上蘋果片放入容器中，依個人喜好搭配雙色醬料沾食，即成。

營養不流失，營養師這樣說——

抹醬可以幫助食物中的營養素吸收。Ｓ辣醬的作
法可以詳見本書第 160 頁。

【營養成分分析】每一份量 180 克，本食譜含 2 份

熱量 （大卡）	蛋白質 （克）	脂肪 （克）	飽和脂肪 （克）	碳水化合物 （克）	糖 （克）	鈉 （毫克）	維生素 B6 （毫克）
105	5.0	4.0	1.1	15.0	7.0	355	1.2

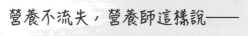

營養不流失，營養師這樣說──

維生素 C 容易受到高溫而氧化，影響抗氧化作用，因此調整烹調方式將紅甜椒、黃甜椒及鴻喜菇炒好後，以涼拌方式加入含有豐富維生素 C 的黃金奇異果。

 配菜　　難易度｜★★　　烹調時間｜ 15 分鐘

7 奇異果甜椒炒菇

材料

黃金奇異果	50 克
紅甜椒	50 克
黃甜椒	50 克
鴻喜菇	50 克
薑絲	10 克

調味料

| 橄欖油 | 2 茶匙 |
| 鹽 | 1/4 茶匙 |

作法

1 奇異果去皮，切塊；紅甜椒、黃甜椒洗淨，去籽，切條；鴻喜菇撥開，備用。

2 取平底鍋，倒入橄欖油及薑絲，加入紅甜椒、黃甜椒、鴻喜菇，以中火炒至熟。

3 加入鹽調味，起鍋盛盤，放入奇異果塊拌勻，即可食用。

【營養成分分析】每一份量 221 克，本食譜含 1 份

熱量（大卡）	蛋白質（克）	脂肪（克）	飽和脂肪（克）	碳水化合物（克）	糖（克）	鈉（毫克）	維生素 C（毫克）
159	2.7	10.6	1.7	17.2	6.2	348	179

| 顧腸護胃 |

　　現代社會上工作壓力大、飲食作息不正常，容易造成很多人腸胃不適問題，像是胃痛、胃食道逆流、消化性潰瘍、胃脹氣等，如何顧好腸胃，保護好消化系統，可以從飲食著手。

顧好腸胃首選的 5 個食材

▲ 牛蒡　　　▲ 秋葵　　　▲ 山藥　　▲ 含薑黃的咖哩粉　▲ 地瓜

　　牛蒡、秋葵、山藥、含薑黃的咖哩粉及地瓜等，都是適合顧好腸胃的食材。也是這個單元七道食譜的主角。

　　日式炒牛蒡含有綠原酸及菊苣纖維，具有保護胃黏膜的作用。很多研究發現綠原酸可抑制胃幽門桿菌、促進胃液分泌、增加胃腸蠕動及幫助胃黏膜的修復。菊苣纖維又稱菊糖，作為好菌的營養來源，能減少消化道壞菌比例，維持細菌叢穩定，加上水溶性纖維的特性，還可以促進蠕動、幫助軟化糞便，維持消化道健康。

　　秋葵含有豐富的黏液蛋白、水溶性纖維及多醣體；黏液蛋白對腸胃壁具有保護的作用，可修復胃黏膜；水溶性纖維能增加飽足感及腸胃道消化，預防腸胃道病變；多醣體能抑制幽門螺旋桿菌黏附在胃壁上，對胃有很好的保護作用。

▲ 日式炒牛蒡（詳見第 70 頁）。

▲ 涼拌秋葵佐莎莎醬（詳見第 77 頁）。

山藥含有薯蕷皂苷及黏多醣。研究顯示薯蕷皂苷對胃腸道潰瘍有很好的預防效果；黏多醣不僅能顧胃，還能促進膠原蛋白生成，幫助修復黏膜及傷口。

咖哩內含有薑黃素，具抗發炎、抗氧化及促進胃黏膜分泌的作用，有預防或減緩胃潰瘍作用，但會刺激胃酸分泌，加劇胃食道逆流的症狀，所以需要注意攝食頻率及用量。

▲ 咖哩薑黃麵（詳見第 74 頁）。

咖哩料理時，建議使用咖哩粉取代咖哩塊，並注意避免高油攝取或搭配高油脂食物烹煮咖哩，高油脂料理會造成胃部排空減慢，容易造成腹脹難消化。

煮咖哩料理建議

偶爾為了料理方便
使用咖哩塊時，
記得減少鹽、油用量，
也不要太常吃喔！

◀ 咖哩塊

咖哩粉 ◀

地瓜含有豐富的膳食纖維及營養素維生素 A、C。營養調查發現每人每天攝取的膳食纖維量是不足的，標準是一天攝取 25 ～ 30 克，而地瓜是每 100 克含有 3 克的膳食纖維。

▲ 雙金茶巾絞（詳見第 78 頁）。

▲ 四神湯（詳見第 82 頁）。

此外，善用中藥藥膳也可達到顧好腸胃功能的效果，四神湯的芡實、蓮子、淮山、茯苓這四味中藥，具有溫脾健胃的效果。

四神湯是顧好腸胃最佳藥膳補方

▲ 芡實　　　　▲ 蓮子　　　　▲ 淮山　　　　▲ 茯苓

除了飲食之外，生活上該放鬆時要放鬆，做到三餐飲食正常，記得細嚼慢嚥，避免菸酒等刺激性食物，作息正常，養成良好排便習慣，才是顧好腸胃的根本。

顧好腸胃的 3 好習慣

1 三餐飲食正常，
記得細嚼慢嚥　　　　**2** 避免菸酒　　　　**3** 養成良好排便習慣

配菜　難易度 | ★★★　烹調時間 | 15 分鐘

1 日式炒牛蒡

材料

牛蒡（半根）⋯⋯⋯⋯⋯ 150 克
胡蘿蔔絲 ⋯⋯⋯⋯⋯⋯⋯ 20 克
熟白芝麻 ⋯⋯⋯⋯⋯⋯⋯ 1 茶匙
芝麻油 ⋯⋯⋯⋯⋯⋯⋯⋯ 1 茶匙

調味料
味醂 ⋯⋯⋯⋯⋯⋯⋯⋯⋯ 1 茶匙
醬油 ⋯⋯⋯⋯⋯⋯⋯⋯⋯ 1 茶匙

作法

1 牛蒡洗淨，用刀背去除表面硬皮，再用刨絲刀刮成細絲，放入已添加白醋的水中（避免氧化變褐色）。

2 取一平底鍋，倒入芝麻油、牛蒡絲、胡蘿蔔絲，以大火快炒約 3 分鐘。

3 倒入熱水（約 150 毫升）以大火煮滾，轉中火燜煮約 3～5 分鐘至牛蒡軟化。

4 加入味醂、醬油調味，以中火拌炒至收汁後熄火。

5 起鍋盛入盤中，灑上白芝麻點綴，即可食用。

【營養成分分析】每一份量 90 克，本食譜含 3 份

熱量（大卡）	蛋白質（克）	脂肪（克）	飽和脂肪（克）	碳水化合物（克）	糖（克）	鈉（毫克）	鉀（毫克）
69	1.8	2.8	0.5	11.6	1.8	97.2	212

營養不流失，營養師這樣說——

每 100 公克牛蒡含有 357 毫克的鉀，但礦物質鉀容易溶於水中，建議以清炒比汆燙更能保留食物中較多的鉀離子。而胡蘿蔔富含的脂溶性維生素，經過油炒更可被人體完整吸收利用。

營養不流失，營養師這樣說——

蔬菜與根莖類料理，若是採取煎烤烹調可減少食物中的鉀流失。山藥淋醬含有豐富的鉀，因為全素飲食者不吃起司，要達到「牽絲」流動的口感，可利用山藥、納豆冷食的特性搭配。披薩好吃的關鍵，就在掌握上菜時間與入口冷熱的瞬間。

【營養成分分析】每一份量 320 克，本食譜含 1 份

熱量 （大卡）	蛋白質 （克）	脂肪 （克）	飽和脂肪 （克）	碳水化合物 （克）	糖 （克）	鈉 （毫克）	鉀 （毫克）
361	14.0	1.0	0.1	78.3	1.0	21.3	2244

縱向：顧腸護胃

 全餐 難易度│★★ 烹調時間│**60**分鐘

2 彩蔬披薩

材料
馬鈴薯	160 克
秋葵	30 克
小番茄	30 克
鮮香菇	50 克
山藥	200 克
九層塔葉	30 克
自製番茄糊	50 克

調味料 鹽 …… 1/3 茶匙

作法

披薩

1 馬鈴薯洗淨，去皮切薄片；秋葵、小番茄洗淨，切薄片；鮮香菇用濕紙巾擦淨。

2 取不沾鍋，撒入鹽 1/3 茶匙，放入馬鈴薯片，以小火煎至兩面熟。

3 將煎熟的馬鈴薯片分別堆疊（平鋪到八吋圓盤作為披薩底層）。

4 續入秋葵、小番茄、鮮香菇，倒入山藥糊 200 克（山藥 100 克加水 100 毫升攪打成糊狀）。

5 蓋上鍋蓋，轉中小火煎熟（或以烤箱 180 度上下火烤 15 分鐘），保溫靜置，即成。

披薩之雙色淋醬

1 九層塔葉 30 克、山藥 50 克攪打成泥，即成青醬。

2 番茄糊 50 克、山藥 50 克攪打成泥，即成番茄醬。

披薩＋披薩之雙色淋醬

1 將溫熱披薩基底切割成 6 至 8 等份，淋上適量的雙色淋醬，即食用畢（避免醬汁出水）。

3 咖哩薑黃麵

材料

淨斯薑黃麵	75 克
板豆腐	100 克
花椰菜	60 克
金針菇	50 克
胡蘿蔔絲	30 克
薑絲	10 克

調味料

橄欖油	1 大匙
咖哩粉	3 克
鹽	1/4 茶匙
醬油	2 茶匙
砂糖	1 茶匙

作法

1 將食材洗淨；板豆腐切片；花椰菜切成一朵朵；金針菇切段。

2 將薑黃麵放入滾水中煮 3 分鐘，撈起，瀝乾水分，備用。

3 取炒鍋，倒入橄欖油、薑絲炒香，加入花椰菜、金針菇、胡蘿蔔絲及板豆腐片拌炒。

4 加入咖哩粉、水 300 毫升煮沸，放入薑黃麵、鹽、醬油及砂糖攪拌均勻，起鍋，即可食用。

【營養成分分析】每一份量 659 克，本食譜含 1 份

熱量（大卡）	蛋白質（克）	脂肪（克）	飽和脂肪（克）	碳水化合物（克）	糖（克）	鈉（毫克）
559	21.9	19.9	3.8	78.4	11.3	1151

營養不流失，營養師這樣說——

橄欖油含有較高比例的單元不飽和脂肪酸（Omega-9），可降低人體內的壞膽固醇（LDL），有益於心血管健康，另外單元不飽和脂肪酸相較多元不飽和脂肪酸較能高溫烹調、不易氧化。

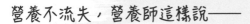

營養不流失，營養師這樣說——

秋葵含有豐富的水溶性纖維，切開會有黏液，建議在料理時
保留完整的蒂頭，不切開，烹調過程減少黏液的流失，保留
完整的營養素。

顧腸護胃

 配菜　難易度｜★★★　烹調時間｜ **15** 分鐘

4 涼拌秋葵佐莎莎醬

材料

秋葵 ——————— 300 克

莎莎醬材料

牛番茄	2 顆（約 200 克）
小黃瓜	半根（約 75 克）
九層塔	1 小把（約 50 克）
紅辣椒	半根（約 5 克）
新鮮檸檬汁	2 茶匙（約 10 克）
黑胡椒粉	1/4 茶匙（約 1 克）
鹽	1/4 茶匙（約 1 克）
黑糖	1 茶匙（約 5 克）
橄欖油	1 茶匙（約 5 克）

作法

1 秋葵洗淨，削除蒂頭的硬邊，放入加有少許鹽的滾水中汆燙（可保持秋葵煮熟後的翠綠）至筷子夾起來變軟。

2 **莎莎醬製作：**牛番茄、小黃瓜洗淨，切丁；九層塔、紅辣椒洗淨，切末，與其他調味料（檸檬汁、黑胡椒粉、鹽、黑糖、橄欖油）放入容器中拌勻（可依個人喜好微調味道）。

3 將秋葵擺入盤中，淋上適量的莎莎醬，即可食用（未食用完的莎莎醬建議冷藏保存，並當日食用完畢）。

【營養成分分析】每一份量 90 克，本食譜含 4 份

熱量（大卡）	蛋白質（克）	脂肪（克）	飽和脂肪（克）	碳水化合物（克）	糖（克）	鈉（毫克）	膳食纖維（克）
52	2.5	1.5	1.5	10.4	2.6	95.7	4.2

點心 ｜ 難易度 ｜ ★★ 　烹調時間 ｜ **20 分鐘**（不含蒸熟的時間）

5 雙金茶巾絞

材料

黃肉地瓜（去皮）‥‥‥‥‥‥	60 克
栗子南瓜果肉‥‥‥‥‥‥‥‥‥	60 克
細棉布（或保鮮膜）	

調味料

海鹽‥‥‥‥‥‥‥‥‥‥少許

作法

1 地瓜及栗子南瓜蒸熟，趁熱分別搗成泥後，用篩網過篩，冰涼備用。

2 地瓜泥撒上微量海鹽拌勻，均分為 4 等份，分別搓成圓球，冰涼備用。

3 細棉布洗淨，擰乾水分，鋪平，先取 10 克的南瓜鋪成圓形。

4 再放入 1 個地瓜圓球，將細棉布四角輕輕提起後，放在掌心。

5 再取 5 克的南瓜覆蓋在上面，將地瓜完整包覆起來。

6 將頂端扭緊定型，再將細棉布攤開，取出茶巾絞，即可冰涼食用，風味更佳。

※ 不同品種的地瓜，質地不同，若是使用其他品種，建議將地瓜泥冷凍後再使用較好操作；栗子南瓜則建議使用靠近表皮的部位，質地較為乾鬆。

【營養成分分析】每一份量 30 克，本食譜含 2 份

熱量（大卡）	蛋白質（克）	脂肪（克）	飽和脂肪（克）	碳水化合物（克）	糖（克）	鈉（毫克）
56	0.9	0.1	0.1	13.8	3.2	81.7

膳食纖維（克）	維生素 A（IU）
1.7	3695

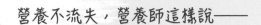

營養不流失，營養師這樣說——

地瓜富含纖維，可幫助腸道蠕動，預防便秘；利用清蒸的方式製作，可減少不必要的熱量攝取；地瓜和南瓜蒸熟後，趁熱搗泥及過篩，口感比較細緻；衛生福利部建議每日精製糖攝取量要小於熱量的10%，本食譜利用食材本身的甜味，不須額外添加精製糖，做成茶巾絞，是美麗又健康的茶點；地瓜和南瓜為全穀雜糧類，糖尿病患者建議攝取一份以內。

鉀離子是細胞內主要的陽離子，主要功用是調節細胞內滲透壓及體液酸鹼平衡、參與代謝及維持神經傳導與肌肉收縮…等。飲食中主要存於蔬果等植物中，鉀離子易溶於水，切小段、汆燙容易造成鉀離子流失，可藉由蒸煮及將湯汁調製成咖哩醬，達到鉀離子不流失的烹煮目標。

顧腸護胃

配菜　難易度｜★　烹調時間｜**30**分鐘

6 咖哩番茄豆腐煲

材料

馬鈴薯	150 克
板豆腐	220 克
大番茄	1 顆
美白菇	100 克
植物油	1 小匙

調味料

咖哩塊	半塊（10 克）

作法

1 馬鈴薯洗淨，去皮，放入電鍋蒸熟，取出，待涼，切丁，備用。

2 板豆腐切塊，放入滾水中汆燙，撈起，待涼，備用。

3 大番茄洗淨，去蒂、切丁；美白菇切適口長度，備用。

4 取炒鍋，加入植物油熱鍋，加入番茄、美白菇拌炒至軟，放入馬鈴薯、板豆腐、水 200 毫升煮沸。

5 再將咖哩塊放入鍋內側邊，待攪拌溶化後，與所有食材混合拌勻入味，即可食用。

【營養成分分析】每一份量 420 克，本食譜含 2 份

熱量 （大卡）	蛋白質 （克）	脂肪 （克）	飽和脂肪 （克）	碳水化合物 （克）	糖 （克）	鈉 （毫克）	鉀 （毫克）
217	12.9	8.3	2.5	24.7	4.1	215	822

7 四神湯

材料

蓮子	15 克
淮山	15 克
茨實	15 克
茯苓	15 克
薏仁	15 克
猴頭菇	10 克
豆皮	10 克

調味料

海鹽	1/3 茶匙

作法

1 將蓮子、淮山、茨實、茯苓、薏仁用清水沖淨，放入電鍋內鍋，再倒入水 500 毫升，外鍋注入水 2 杯，按下開關鍵蒸煮。

2 等開關鍵跳起蒸好後，再打開鍋蓋，放入猴頭菇、豆皮、海鹽，外鍋再注入水 1 杯。

3 再按下開關鍵蒸煮，待電鍋開關鍵跳起，即可取出食用。

【營養成分分析】每一份量 96.5 克，本食譜含 1 份

熱量 （大卡）	蛋白質 （克）	脂肪 （克）	飽和脂肪 （克）	碳水化合物 （克）	糖 （克）	鈉 （毫克）
226	8.7	2.2	0.4	50.3	0	622

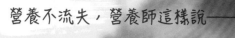

營養不流失，營養師這樣說──

可用具有鮮味的食材，如猴頭菇、香菇等，取代鹽
巴使用，不僅風味不減，還能減少鈉含量的攝取。

糖尿病管理

在臺灣每 10 人約有 1 人有糖尿病，根據衛生福利部公佈的 2021 年十大死因，糖尿病高居第五名，糖尿病的典型症狀為高血糖，萬一長期血糖控制不良，會增加許多併發症的風險，例如中風、腎臟病、心臟病、神經病變、視網膜病變及足部壞死等等，可見血糖的控制，對於避免或糖尿病的管理至關重要。

高血糖的照護模式，除了降血糖藥物、運動、生活習慣及體重控制外，飲食扮演了舉足輕重的角色。許多糖尿病人在診間經常聽醫療人員及營養師再三叮嚀要控制飲食，但仍有許多人做不到，甚至相當反感。

經常有病人詢問：「得了糖尿病，是否很多食物都不能再吃？」擔心吃太多澱粉後血糖高居不下，或認為糖尿病飲食絕對是沒有味道，再也吃不到美味等等。其實，糖尿病飲食還是可以兼顧美味的，重點是要維持均衡飲食的好習慣。

根據 2022 年第二型糖尿病臨床照護指引中，建議糖尿病飲食應強調三個關鍵因素

1 多選擇非澱粉類蔬菜：山藥、地瓜、馬鈴薯、南瓜。

2 減少添加糖分和精緻穀類。

3 以原型食物為主，減少加工食物攝取。

　　高膳食纖維、低精緻程度及低含糖量，是糖尿病管理的飲食重點，血糖上升的幅度較低，有助於長期血糖的控制穩定。而要達到均衡飲食的原則，還要考量六大類食物（全穀雜糧類、豆魚蛋肉類、蔬菜類、水果類、乳品類、油脂與堅果種子類）的攝取份量，進而評估巨量營養素──碳水化合物、蛋白質及脂肪，以及微量營養素──維生素、礦物質等攝取適當。

六大類食物

「全麥 Pita 佐中東式鷹嘴豆藜麥丸」是選用全麥麵粉以及紅藜麥等非精緻穀物製成 Pita（皮塔餅）。根據食品成分資料庫的統計，每 100 克的全麥麵粉與紅藜麥分別含有 8 克及 8.3 克的膳食纖維。另外芝麻中含有天然植化素——芝麻素，許多研究證實具有抗發炎及清除自由基的作用。

　　「植物奶彩蔬全麥義大利麵」選擇可提供優質蛋白質又非高加工品的毛豆仁，相比而言不僅營養素保留完整，又能減少常見葷食加工肉品經常有過量飽和脂肪攝取的問題。

▲ 全麥 Pita 佐中東式鷹嘴豆藜麥丸（詳見第 88 頁）。

▲ 植物奶彩蔬全麥義大利麵（詳見第 90 頁）。

蛋白質與鋅是合成胰島素的重要來源，「**105 度醬落飯**」料理選擇富含鋅的洋菜，搭配優質蛋白質來源——豆皮，創新改良臺灣常見小吃焢肉飯，不僅減少油脂負擔，還能兼顧美味。

「**雜菜冬粉**」這道菜，在冬粉中加入大量非澱粉類的蔬菜，在攝取主食澱粉的同時，攝取大量膳食纖維，延緩血糖上升。而黃甜椒及紅甜椒中的植化素——茄紅素，不僅具抗氧化功能，更能保護心血管健康。

▲ 105 度醬落飯（詳見第 93 頁）。　　▲ 雜菜冬粉（詳見第 94 頁）。

每種天然食材都有不同的營養價值，其實什麼食物都可以吃，只是我們要學習聰明吃，過度的限制可能造成負面效果，而再健康的食物吃多過量，對身體也是負擔。飲食的平衡是一門非常生活化，且受用無窮的學問。

1 全麥Pita佐中東式鷹嘴豆藜麥丸

營養不流失，營養師這樣說——

- 芝麻含有芝麻素，磨碎過後比較容易吸收；紅藜麥含有九種必需胺基酸，膳食纖維也很高，煮熟後可廣泛的加在各式料理之中。

- 經濟部標準檢驗局於 100 年公佈「全麥麵粉」國家標準，明訂由全粒小麥經過磨粉、篩分（分級適當顆粒大小）等步驟，保有與原來整粒小麥相同比例之胚乳、麩皮及胚芽等成分製成產品方可宣稱為全麥麵粉，市面上有將整粒磨粉製成的「全粒粉」及依照相同比例添加製成的「全麥粉」二類產品。

材料

Pita（皮塔餅）

全麥麵粉	50 克
溫水	35 克
鹽	0.5 克
速發酵母粉	1 克
黑糖	1 克

鷹嘴豆藜麥丸及配料

鷹嘴豆	50 克
紅藜麥	25 克
熟白芝麻	30 克（或白芝麻醬）
萵苣	40 克
牛番茄	60 克
EXTRA 橄欖油	1 茶匙

調味料

海鹽	1/2 茶匙
孜然粉	1/2 茶匙
肉桂粉	1/4 茶匙
匈牙利紅椒粉	1/4 茶匙
黑胡椒粒	1/2 茶匙

【營養成分分析】

每一份量 100 克，本食譜含 4 份

熱量（大卡）	蛋白質（克）	脂肪（克）	飽和脂肪（克）
180	6.7	8.1	1.3

碳水化合物（克）	糖（克）	鈉（毫克）	膳食纖維（克）
23.6	0.8	318	4.6

作法

Pita（皮塔餅）

1 將 Pita（皮塔餅）的所有材料放入盆中揉勻；加蓋後靜置發酵至 2 倍大。

2 分割成 4 等份，用擀麵棍擀成 0.3 ～ 0.5 公分厚的餅。

3 將平底鍋擦乾，轉中大火，待鍋燒熱後，將餅放入，以小火反覆翻面至中心鼓起後，取出，備用。

鷹嘴豆藜麥丸及組合

1 鷹嘴豆洗淨，浸泡水 6 小時以上，加入 3 倍水量，移入電鍋蒸至鬆軟。紅藜麥洗淨，瀝乾，加入水 40 毫升浸泡 30 分鐘，蒸熟。

2 鷹嘴豆及熟白芝麻分別用調理機磨碎，將紅藜麥及所有調味料混合均勻，均分為 4 份，分別搓成圓球，即成「鷹嘴豆藜麥丸」。

3 小烤箱預熱，將鷹嘴豆藜麥丸烤 10 分鐘，取出；番茄洗淨，切片；萵苣洗淨，晾乾水分，備用。

4 將 pita 餅撕開，填入萵苣、番茄、鷹嘴豆藜麥丸，即可食用（可依個人喜好，加入 EXTRA 橄欖油、醋漬蔬菜或優格變化口味）。

※ 鷹嘴豆藜麥丸的另一種作法，外層撒上薄薄一層麵粉後、表面刷一層油，放入烤箱烤，口感更香酥。

一糖尿病管理一

2 植物奶彩蔬全麥義大利麵

材料

全麥義大利麵（螺旋狀）	100 克
荷蘭豆	50 克
玉米筍	50 克
綠蘆筍	60 克
小番茄	100 克
新鮮毛豆仁	60 克
洋菇片	100 克
新鮮黑木耳絲	25 克
植物油	1 茶匙

調味料

22% 椰奶	200 毫升
鹽	1/2 茶匙

作法

1 食材洗淨；荷蘭豆去除梗、玉米筍斜切段、綠蘆筍去除粗皮切段、小番茄對切，備用。

2 荷蘭豆、玉米筍、綠蘆筍、毛豆仁放入滾水中燙熟，撈起，浸泡冷水，備用。

3 煮一鍋熱水，加入少許鹽，加入全麥義大利麵（螺旋狀）煮熟（約 8 ～ 10 分鐘），撈起、沖冷水，備用。

4 取一不沾鍋、倒入植物油略煸洋菇片，加入荷蘭豆、玉米筍、綠蘆筍、番茄、毛豆仁、黑木耳絲拌炒，放入鹽調味。

5 加入全麥義大利麵（螺旋狀）、椰奶拌勻，略煮至收汁，起鍋盛盤，即可食用。

營養不流失，營養師這樣說——

相較於精緻麵條，全麥麵粉保留了更多穀物所有的營養素，如膳食纖維、維生素及植化素等。蛋白質的選擇以毛豆仁取代加工品，亦能增加營養素的保留，以此種搭配方式，每份能增加 5 克膳食纖維量，達每日建議量的 1/5 之多。

【營養成分分析】每一份量 500 克，本食譜含 2 份

熱量 （大卡）	蛋白質 （克）	脂肪 （克）	飽和脂肪 （克）	碳水化合物 （克）	糖 （克）	鈉 （毫克）	膳食纖維 （克）
496	16.9	26.8	21.2	54.5	8.7	422	11.1

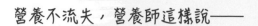

營養不流失，營養師這樣說——

香醇醬加入洋菜，趁熱攪拌均勻，同時攝取高蛋白與鋅，享受入口黏稠的滷味料理口感。

糖尿病管理

 主食　　難易度｜★★　　烹調時間｜**45**分鐘

3 105度醬落飯

材料
乾燥豆皮 .... 60 克
乾香菇 .... 10 克
洋菜條 .... 10 克
熱糙米飯 .... 400 克

滷味材料
黑豆釀造醬油 .... 2 大匙
白胡椒粉 .... 1 克
水 .... 300 毫升
味醂 .... 1 大匙
五香粉 .... 1 茶匙
薑末 .... 1 大匙
芥花油 .... 1 大匙

作法

1 取 500 毫升的水分別泡軟豆皮與香菇；豆皮擠乾水分，切成 0.5 公分條狀。

2 取湯鍋，倒入全部的滷味材料、豆皮、香菇滷至柔軟入味。

3 取雙格餐盒，一邊放入熱糙米飯，另一邊倒入滷味汁、洋菜條（移入電鍋加熱）煮至均勻融化，再一起攪拌拌勻後，完成滷醬。

4 將熟糙米飯盛入碗中，趁熱淋入滷醬、再放入豆皮、香菇，微溫入口食用，即可享受黏稠的口感。

【營養成分分析】每一份量 380 克，本食譜含 2 份

熱量（大卡）	蛋白質（克）	脂肪（克）	飽和脂肪（克）	碳水化合物（克）	糖（克）	鈉（毫克）	鋅（毫克）
540	18.0	13.0	1.8	90.6	4.5	830	6.0

配菜　　難易度｜ ★　　烹調時間｜ 20 分鐘

4 雜菜冬粉

材料

韓國冬粉	75 克
胡蘿蔔	10 克
紅甜椒	10 克
黃甜椒	10 克
新鮮黑木耳絲	20 克
菠菜	20 克
新鮮香菇絲	10 克

調味料

醬油	1 茶匙
香油	2 茶匙
熟白芝麻	1 茶匙
鹽	1 茶匙

作法

1 將韓國冬粉放入滾水中煮熟（約 6 ～ 8 分鐘），撈起，瀝乾水分，放入容器中，待涼，加入醬油、香油 1 茶匙混合拌勻，備用。

2 胡蘿蔔、紅甜椒、黃甜椒分別洗淨，切絲；菠菜洗淨，燙熟，切段，放涼，備用。

3 取炒鍋，加入香油 1 茶匙加熱，放入胡蘿蔔絲、紅甜椒絲、黃甜椒絲、黑木耳絲及鮮香菇絲炒軟，放入鹽調味，加入作法 1 拌勻。

4 再加入菠菜拌勻，最後撒上白芝麻，即可食用。

【營養成分分析】每一份量 90 克，本食譜含 2 份

熱量 （大卡）	蛋白質 （克）	脂肪 （克）	飽和脂肪 （克）	碳水化合物 （克）	糖 （克）	鈉 （毫克）
202	1.3	6.6	1.0	36.2	0.3	1000

營養不流失，營養師這樣說──

雜菜冬粉為知名的韓國民間家常菜，食材中的黃甜椒
及紅甜椒含植化素──脂溶性的茄紅素，搭配香油
拌勻更能增加其吸收率，有助於抗氧化及預防
心血管疾病。

《卷二》

三德六味 好飲食

「三德六味，供佛及僧，法界有情，普同供養。若飯食時，當願眾生，禪悅為食，法喜充滿。」

蛋白質、醣類、脂肪三大營養素，蛋白質為其中最容易缺乏，有足夠的蛋白質才能長出肌肉，有肌肉才能行動敏捷不會退化。特別是維生素D的攝取，除了補鈣，記得每天晒晒太陽。

「健康五蔬果，疾病遠離我。」衛福部國健署提倡的飲食觀念簡單好記，全植物飲食，守護身心也呵護地球，營養需均衡，攝取各種維生素。飲食方式正確，健康就會跟著來。

| 蛋白質 |

蛋白質為人體內建造與修補組織的營養素，對於生長發育扮演極重要的角色，而在血液中的蛋白質，如白蛋白、球蛋白等的構成也需要蛋白質。蛋白質也可以維持身體中的酸鹼平衡及水的平衡、幫助營養素的運輸或構成酵素、激素和抗體等，是維持人體免疫力的重要根基。

植物性蛋白質

▲ 天貝

▲ 豌豆

▲ 毛豆

▲ 腐竹

比較動物性與植物性蛋白質的差異，動物性蛋白質所含有的必須胺基酸種類齊全，約有二十多種胺基酸。

植物性蛋白質的特點，則是纖維高、脂肪低，能夠幫助腸胃消化，所含的不飽和脂肪酸、抗氧化物質、植化素和維生素，可以降低身體的發炎反應。動物性蛋白質的脂肪含量高，當人們吃得愈多，容易提高三酸甘油酯及體內膽固醇濃度，增加罹患心血管疾病的風險。

攝取植物性蛋白質，不要只吃單一豆類，要多吃不同種的豆類，所以這個蛋白質單元的料理選用了毛豆、鷹嘴豆、紅腰豆、豌豆、腐竹、天貝等，各種食材搭配任君選擇。

豆類的營養分類

澱粉類	蛋白質豆	蔬菜豆

紅豆、綠豆、皇帝豆、花豆、鷹嘴豆。	黃豆、黑豆、毛豆。	豌豆莢、豇豆、四季豆、翼豆。

　　毛豆除了含豐富的蛋白質外，也具有降血壓、血脂等功能，也因毛豆澱粉量低，升糖指數也較低，能夠輔助調節血糖，對於現在人常有三高等問題，毛豆是非常好的選擇。

　　常見的豆類分屬澱粉多的全穀雜糧類（紅豆、綠豆）、蛋白質為主的豆魚蛋肉類（黃豆、毛豆及黑豆）和膳食纖維多的蔬菜類（四季豆、豌豆莢…等）。

　　以蛋白質消化率調整後的胺基酸分數（PDCAAS）來評判蛋白質的品質，當 PDCAAS 值為 1 時，即稱為「優質蛋白質」；黃豆 PDCAAS 值為 0.91，和動物性蛋白（肉類）相近。為了彌補大多植物蛋白皆屬於「不完全蛋白質」，就是指其中一種或數種必需胺基酸可能缺乏或含量較低，例如豆類缺乏甲硫氨酸含有較多的離氨酸；穀類則缺乏離氨酸，以**穀類搭配豆類兩者合併使用，例如：堅果雜糧饅頭搭豆漿或豆米漿（豆漿＋米漿）、糙米黃豆飯，就能組合為完整蛋白質**，所以學會使用「蛋白質互補法」就成為食用植物蛋白的必修課了。

「麻油黃豆黑米飯」、「綠牡丹萩餅」及「全麥捲餅」等，就是充分利用了穀類和豆類混合一起吃，藉由多種植物性蛋白質食材的搭配，以彌補彼此營養成分上的不足，進而獲得人體所需的必需胺基酸。

▲ 麻油黃豆黑米飯（詳見第 109 頁）。

▲ 全麥捲餅（詳見第 113 頁）。

　　有人認為食用太多豆類製品，如：豆漿、豆腐等，會增加痛風發作機率，但研究指出植物性食物並不會提高痛風罹患機率，所以大家可以安心食用。順便提醒，對於預防痛風的飲食，攝取充足的水量、蔬菜，並減少紅肉、貝類及酒精攝取，才是最好的飲食方式。

　　主要會影響痛風的真正兇手其實是含普林高的動物性蛋白食物，例如內臟類食物及一些帶殼海產類食物，還有就是攝取

▲ 植物性蛋白質不會提高罹患痛風的機率。

過多精緻糖，在門診有些病人就是喝太多含糖飲料或是吃過多的水果造成尿酸過高，所以可以知道果糖、甜食有多可怕了，另外就是過度飲酒，也是造成尿酸上的的主因。建議可以用以下幾點方法來預防痛風：

預防痛風的飲食

○ 攝取充足的水量（正常體重×30cc，並減少酒精及含糖飲料）

○ 增加蔬菜類的攝取及控制水果類的攝取

⚠ 減少內臟、紅肉、貝類、酒精

○ 增加運動量

○ 可以適當的攝取植物蛋白

　　所以植物性蛋白不僅含有大量的膳食纖維，能夠幫助腸胃消化且增加飽足感，還有降低血壓、血脂，甚至是血糖的作用，只要掌握良好飲食的方式攝取植物蛋白，也不會有蛋白質攝取不足的風險。最後以天然且新鮮的原型食物，避免攝取過度加工的食品及適量攝取食物，才是健康飲食模式的不二法門。

1 雙色豆泥

材料

鷹嘴豆（雪蓮子）	100 克
冷凍毛豆仁	70 克
馬鈴薯	65 克
番茄	50 克

調味料

橄欖油	3 茶匙
鹽	1 茶匙
墨西哥綜合香料	2 茶匙
羅勒葉（乾）	2 茶匙

作法

1 將鷹嘴豆洗淨，加入滿水浸泡後移入冰箱冷藏一個晚上（乾豆重量分為 20 克、80 克使用），取出，瀝乾水分，再加入滿水，放入電鍋中煮熟（重量增加為 30 克、120 克）；毛豆仁放入滾水中燙熟，撈起，備用。

2 馬鈴薯洗淨，去皮，切小塊，蒸熟至軟；番茄洗淨，切小丁，備用。

3 取炒鍋，倒入橄欖油 1 茶匙加熱，放入番茄丁炒熟，備用。

4 將煮熟的鷹嘴豆（重 30 克）、毛豆仁、馬鈴薯放入攪打機中，加入少許水、墨西哥綜合香料、橄欖油 1 茶匙、鹽 1/2 茶匙攪打成泥狀，即可盛入容器。

5 另將炒熟的番茄、熟鷹嘴豆（重 120 克）、羅勒葉、鹽 1/2 茶匙、橄欖油 1 茶匙放入攪打機中攪打成泥狀，即可盛出，搭配作法 **4** 食用。

※ 此道若是不想吃太流質的口感，可用湯匙、叉子（或壓泥器）將馬鈴薯、鷹嘴豆壓成泥（不使用攪打機），再拌入番茄丁、毛豆仁，可做出不同口感的豆泥。或者也可以將打好的流質豆泥放入乾鍋煸炒，收乾水分至達到質地較綿密的口感。

營養不流失，營養師這樣說——

毛豆為植物性優質蛋白，鷹嘴豆蛋白質含量也高，番茄丁含有豐富茄紅素，油炒過後茄紅素的吸收率更高。搭配食用即可得到植物性蛋白，又能修復、建構組織，還含有植化素，可協助抗氧化，防止細胞破壞。

【營養成分分析】每一份量 180 克，本食譜含 2 份

熱量 （大卡）	蛋白質 （克）	脂肪 （克）	飽和脂肪 （克）	碳水化合物 （克）	糖 （克）	鈉 （毫克）
306	15.1	12.6	2.2	40.1	0	993

營養不流失，營養師這樣說——

- 四川霧都料理的特色就是辣。辣椒素含量高的食物，可讓身體出汗，減少水腫。

  香菜、辣椒都富含維生素 A 是脂溶性維生素，以適量的油脂烹調，可讓人體的維生素 A 吸收率更佳。

蛋白質

配菜　難易度│★★　烹調時間│**90**分鐘

2 霧都水煮香菜腐竹

材料

乾腐竹	30 克
香菜	30 克
黃豆芽	150 克
橄欖油	10 毫升
白芝麻	1 克

調味料

花椒粒	1 克
有機辣豆瓣醬	1 大匙
花椒粉	少許
辣椒粉	少許

作法

1 腐竹略沖洗後，用熱水泡軟；黃豆芽洗乾淨；香菜洗淨，切小段，備用。

2 取炒鍋，加入橄欖油 5 毫升加熱，放入花椒粒炒出香氣，取出花椒粒，續加入有機辣豆瓣醬，炒出香氣後，加入水 250 毫升煮滾。

3 加入泡軟的腐竹煮至有香氣，放入黃豆芽煮沸，熄火，備用。

4 取一深碗，先撈出鍋中煮好的黃豆芽鋪在底層，再鋪上腐竹，然後淋上作法 3 熱湯，接著撒上香菜、白芝麻、花椒粉、辣椒粉。

5 另取鍋，倒入橄欖油 5 毫升加熱，淋在作法 4 深碗上面，激出辣椒、花椒及白芝麻的香味，即成美味料理。

【營養成分分析】每一份量 220 克，本食譜含 1 份

熱量（大卡）	蛋白質（克）	脂肪（克）	飽和脂肪（克）	碳水化合物（克）	糖（克）	鈉（毫克）	維生素 A（IU）
309	24.0	20.0	3.7	12.0	0.6	910	5098

配菜　難易度 | ★　烹調時間 | 10 分鐘

3 蒸煮豆和風沙拉

材料

材料	
市售蒸煮豆	1 袋
高麗菜	50 克
胡蘿蔔	20 克
紫高麗菜	10 克
萵苣	60 克
葡萄乾	10 克

調味料

市售和風醬 ⋯⋯ 1 包（40 克）

作法

1 高麗菜、胡蘿蔔、紫高麗菜、萵苣分別洗淨、瀝乾水分，切絲，備用。

2 將作法 1 食材放入容器中略攪拌後，倒入蒸煮豆（內含黃豆、黑豆、鷹嘴豆、紅腰豆、豌豆）、葡萄乾。

3 最後淋上和風醬拌勻，即可食用。

營養不流失，營養師這樣說——

「豆類」含括三大類食物——全穀雜糧類、豆魚蛋肉類及蔬菜類，可藉由吃原型食物而獲得較多的營養素。然因食材準備較為繁瑣，可利用市售成品進行搭配，減少製作準備的時間。

【營養成分分析】每一份量 225 克，本食譜含 1 份

熱量 （大卡）	蛋白質 （克）	脂肪 （克）	飽和脂肪 （克）	碳水化合物 （克）	糖 （克）	鈉 （毫克）
163	6.4	3.5	0.5	29.0	15.0	604

營養不流失，營養師這樣說——

穀物加豆類一起吃營養上稱為「蛋白質互補法」，藉由多種植物性蛋白質食材的搭配，以彌補彼此營養成分上的不足，能獲得人體所需的八種必需胺基酸、豐富的 B 群、膳食纖維。黑米有豐富的槲皮素，又可增加身體的免疫力。

蛋白質

 主食　難易度｜★★★　烹調時間｜**120** 分鐘

4 麻油黃豆黑米飯

材料

黃豆（乾）	160 克
黑糙米	320 克
黑麻油	2 大匙
乾香菇	30 克
胡蘿蔔	60 克
老薑末	40 克

調味料

鹽	3 克

作法

1. 黃豆洗淨，加入水浸泡 24 小時（建議浸泡 8 小時後，冷藏防變味），瀝乾水分，加入水 800CC（黃豆的 5 倍水量），移入電鍋蒸煮至熟（外鍋水 2 杯），備用。

2. 黑糙米洗淨，瀝乾水分，加入水 3.5 杯，浸泡 24 小時（建議浸泡 8 小時後，冷藏防變味），備用。

3. 乾香菇沖洗乾淨，加入冷水泡軟，切丁；胡蘿蔔洗淨，去皮，切丁，備用。

4. 取炒鍋，倒入黑麻油加熱，放入老薑末，以小火乾煸至微焦黃，加入香菇丁煎香、胡蘿蔔丁翻炒。

5. 加入瀝乾水分的黃豆、黑糙米（包含泡米水），轉大火煮沸，放入鹽調味，盛入電鍋內鍋中，移入電鍋（外鍋水 2 杯）煮至開關跳起，靜置 15 分鐘，取出，即可食用。

【營養成分分析】每一份量 200 克，本食譜含 6 份

熱量（大卡）	蛋白質（克）	脂肪（克）	飽和脂肪（克）	碳水化合物（克）	糖（克）	鈉（毫克）
345	16.0	11.0	1.9	51.0	0	184

 點心 難易度｜★★★　　烹調時間｜**20～30** 分鐘

5 綠牡丹萩餅

營養不流失，營養師這樣說——

萩餅是一種傳統日式點心，可以吃到微黏的麻糬顆粒口感，所以搗到米飯黏中微帶顆粒就好。此道食譜毛豆及原型黑糯米改良創新而成。佐以靜思鮮蔬青汁粉創造清新爽口無糖版本。穀類（糯米）和豆類（毛豆）混合一起吃，可以互相補充二者缺乏的必須胺基酸，吃進肚子也能有效利用來製造蛋白質。

材料

生黑糯米	100 公克
毛豆仁	200 公克

調味料

靜思鮮蔬青汁粉	1 包
青仁黑豆粉	適量

作法

1 將黑糯米洗淨，瀝乾水分後，加 0.6 倍水量浸泡 2 小時，用蒸籠或電鍋炊煮完成後，略燜一下確認熟透。

2 將蒸好的米飯趁熱用木棒（可包隔熱塑膠袋防沾）搗半碎，留顆粒口感，即成麻糬糰，放涼，備用（分 40g 的橢圓型）。

3 毛豆仁用電鍋隔水蒸軟爛（冷凍品約需 30 分鐘），攪打成餡（分成每顆重量 50 克）。

4 將熟毛豆泥 50g 鋪平，包裹著已捏成型的米飯糰，完成後撒青仁黑豆粉與鮮蔬青汁粉，即可食用。

【營養成分分析】每一份量 90 克，本食譜含 4 份

熱量 （大卡）	蛋白質 （克）	脂肪 （克）	飽和脂肪 （克）	碳水化合物 （克）	糖 （克）	鈉 （毫克）	膳食纖維 （克）
160	10.0	3.0	2.5	23.5	2	360	4.0

營養不流失，營養師這樣說——

日常飲食盡量不吃精製麵粉，建議選用
全麥麵粉，搭配豆乾，可攝取多元胺
基酸，而捲餅的配料，可依現有食材或
個人喜好做變化，以蔬果顏色豐富為原
則，攝取的營養素也會均衡，食材配色
鮮艷，也可釋放壓力，維持愉悅的心
情。

【營養成分分析】每一份量 80 克，本食譜含 2 份

熱量 （大卡）	蛋白質 （克）	脂肪 （克）	飽和脂肪 （克）	碳水化合物 （克）	糖 （克）	鈉 （毫克）	鈣 （毫克）
200	14.6	5.9	0.9	24.6	0.7	218	436

一蛋白質一

 全餐 　難易度｜★★★★　　烹調時間｜**30**分鐘（不含醒麵時間）

6 全麥捲餅

材料

餅皮材料		餡料	
全麥麵粉	50 克	豆乾	120 克
熱水	35 克（75 度以上）	小黃瓜	80 克
		香菜	18 克

調味料

甜麵醬	2 茶匙

作法

1 全麥麵粉放入調理盆中，將熱水邊攪拌邊倒入，用桿麵棍搗勻，充分吸收水分，待冷卻，將麵糰揉至光滑，靜置約 30 分鐘，讓麵糰鬆弛。

2 將麵糰搓成長條狀（先灑上麵粉在桌面上可避免沾黏），切成六等份，靜置 15 分鐘鬆弛，分別用擀麵棍擀成薄麵皮。

3 取平底鍋轉中大火，待鍋熱，放入一片薄麵皮乾烙，待起小泡後，翻面烘烤（至兩面皆起小泡），取出，依序全部乾烙完成，放入容器中，蓋上乾淨的棉布，備用。

4 豆乾放入滾水中氽燙，取出，切成長條；小黃瓜洗淨，切成條狀；香菜洗淨，切段。

5 取適量的餡料，平鋪放入餅皮上面，再抹上甜麵醬後，捲起，即可食用。

※ 可依個人喜好，使用九層塔或香椿葉代替香菜。

7酸辣香煎天貝

材料

天貝	100 克
植物油	10 毫升

調味料

椰糖	1/2 大匙	辣椒	1 根
現榨檸檬汁	1 大匙	新鮮檸檬葉	2 片
羅望子	1 大匙	香菜（切碎）	2 大匙
新鮮香茅（切碎）	2 大匙	海鹽	1/4 茶匙

作法

1 羅望子放入容器中，加入滿水，移入電鍋蒸過後（外鍋水 1 杯），過篩，即成羅望子醬，備用。

2 新鮮香茅剝去老葉、底部硬梗、切末；辣椒去籽、切碎；檸檬葉、香菜洗淨，瀝乾水分，切末，備用。

3 椰糖、檸檬汁放入容器中混合溶解，加入羅望子醬、香茅末、辣椒末、檸檬葉末、香菜末、海鹽，即成酸辣醬。

4 將天貝稍微退冰，切成薄片，均勻撒上海鹽，靜置退冰。

5 取平底鍋，倒入植物油加熱，放入天貝，以中火煎至兩面呈金黃色，盛入盤中，趁熱，搭配作法 3 的酸辣醬沾料，即可食用。

※ 可依個人喜好調整辣椒的使用量；不習慣香茅的人，也可改用九層塔。

【營養成分分析】每一份量 50 克，本食譜含 2 份

熱量（大卡）	蛋白質（克）	脂肪（克）	飽和脂肪（克）	碳水化合物（克）	糖（克）	鈉（毫克）	膳食纖維（克）
152	10.3	10.3	1.6	8.7	3.2	185	3.9

蛋白質

營養不流失，營養師這樣說——

黃豆是最營養的食材，但吃多了容易脹氣，透過發酵分解
寡糖及胰蛋白酶抑制劑，可減少脹氣及增加黃豆營養的吸
收率。天貝是源於印尼的傳統食物，又稱為天培、丹貝；
和納豆一樣，是由整顆豆類發酵而成。常見的天貝是由黃
豆製成，保留完整的黃豆營養，富含蛋白質、大豆異黃酮、
纖維及植物固醇等；是控制膽固醇的好幫手。

| 醣 | 少憨知足最大富

食物中的碳水化合物（carbohydrate），又名「醣類」，是提供能量三大營養素之一。

醣類分解產生葡萄糖，是身體主要的能量來源。研究發現人體大腦是藉由碳水化合物來提供能量，所以每日攝取適當的碳水化合物，是維持身體能量供應和生理機能的基本。

首先來瞭解醣類的分類，在食物中的碳水化合物，根據結構和分子大小，可區分為 5 大類：

1 單醣 不能再分解為更小分子的碳水化合物，例如：**葡萄糖、果糖、半乳糖**。

2 雙醣 由 2 個單醣組成的醣類，例如：**麥芽糖、蔗糖、乳糖**。

3 寡醣 由 3～9 個單醣組成，例如：**菊糖、果寡糖**。

4 多醣 由 10 個以上的單醣結合而成，又分成 A. **消化性多醣類**（如：澱粉、糊精、肝醣）、B. **非消化性多醣類**（如：纖維素）。

5 糖醇類 結構組成和碳水化物相似，但不被人體完全吸收和分解，提供較少熱量，甜味比一般「糖」要低，如：**木糖醇、山梨糖醇**。

要吃得飽又要吃得好，讓自己充滿能量，主食的選擇，會建議大家多吃全穀類食物，吃糙米或粗糧，少吃白飯、白麵條。

吃全穀類食物，可以攝取到多醣及寡醣，還會有豐富的膳食纖維及各種營養素。

▲ 韓式石鍋拌飯（詳見第 121 頁）。　　▲ 木瓜麵粉煎（詳見第 126 頁）。

　　膳食纖維是食物中一種不能被分解產生能量的醣類，近幾十年來被發現它對身體非常有益，而逐漸被重視，甚至提倡將膳食纖維視為獨立一類的營養素。

　　精製糖，很多人都愛吃，但多吃無益。我們會盡可能建議大家從食物中吃到甜的原味。吃精製糖的話，就偶爾吃，或是留意不要吃過量，導致肥胖或其他慢性疾病。

全穀及未精製雜糧類

　　早期人們以粗糧和未精製的雜糧作為主食，隨著經濟發展，白米以及麵粉製成的麵包、糕點變成民眾最愛的主食；現代人由於不健康的飲食生活，產生了許多文明病，因此，衛生福利部及營養師們一直努力的推廣多吃未精製食物。所謂的「全穀」是指包括果皮（**糠層、麩皮**）、胚芽及胚乳的穀物**全穀和未精製穀類，保留了穀類原本的營養素。**而根據食品藥物管理局的規定，產品中全穀成分佔配方總重量百分比 51%（含）以上才能稱作全穀的產品，如：全麥麵包、全麥饅頭等。

　　以糙米和白米來比較，糙米的膳食纖維比白米多 5 倍，維生素 B1 多 2.8 倍，維生素 E 多 5.5 倍，鎂離子多 5.7 倍，還有其他礦物質，如鋅、鐵、微量元素等含量都比白米多。糙米因含有麩皮，口感較硬，在攝取食，需要比白米更多的咀

糙米　　　　　　　　　　白米

（每 100 公克）

糙米		白米
354kcal	熱量	352kcal
4.0 mg	膳食纖維	0.7g
0.35 mg	維生素 B1	0.08mg
0.06 mg	維生素 B2	0.02mg
2.54	維生素 E	0.36
5.88 mg	菸鹼素	1.09mg
1.3	鐵	0.4
107	鎂	20
2.0	鋅	1.5
222 mg	鉀	79mg

嚼次數，會比白米更容易產生飽足感，因此，只要把白米換成糙米，就可以自然而然地減少熱量攝取，是控制體重的好幫手。

常見的「全穀及未精製的雜糧類」

1 全穀類

如糙米、紫米、黑米、糙薏仁、蕎麥、燕麥、藜麥、玉米、小米…等。

2 未精製的雜糧類

未精製是指沒有經過加工的原態食物，如：地瓜、馬鈴薯、芋頭、南瓜、山藥、蓮藕、菱角、栗子及大部分的豆類，如：紅豆、綠豆、花豆、蠶豆、皇帝豆、米豆、鷹嘴豆、豌豆…等。

> 要特別注意的是
> 黃豆、黑豆、毛豆同屬於六大類食物中的「豆蛋類」，是蛋白質的良好來源；
> 而玉米筍、荷蘭豆等豆莢，則是屬於「蔬菜類」，
> 這些都是容易混淆的食物，要特別留意喔！

　　全穀及未精製的雜糧類的食物保留了食物原本的營養素，是預防三高的良好食物來源，很多人一開始難以接受完全吃全穀，衛生福利部建議每天的主食中，全穀及未精製的雜糧類要占 1/3 以上，可以試著一天從一餐以全穀製品取代精緻澱粉開始；或是用 1/3 量以上的雜糧取代白米同煮，循序漸進的增加全穀及未精製的雜糧類的比例，漸漸地回歸食物的真味，回歸健康飲食。

營養不流失，營養師這樣說——

深綠色蔬菜（如：莧菜或菠菜），葉片部分富含葉酸，綠色海菜與菇類亦含少量葉酸，利用韓式涼拌料理的方式燙熟蔬菜，可避免過度加熱流失營養素。芽菜類中黃豆芽的葉酸量較多。在韓式拌飯添加的蔬菜，建議盡量選擇當季盛產的蔬菜（農藥少、營養高），且可依季節選擇不同的蔬菜，讓菜色多元化，又能兼顧每日葉酸的營養需求，美味又健康。

難易度｜★★　　烹調時間｜**30**分鐘

1 韓式石鍋拌飯

醮｜少憨知足最大富

材料

菠菜	100 克
海苗	50 克
柳松菇	50 克
豆乾	50 克
糙米飯	160 克

調味料

白胡椒粉	1 克
醬油	1 大匙
芝麻	1 茶匙
香油	1 茶匙
鹽	少許

淋醬／配料

韓式辣椒醬	1 大匙
朝鮮海苔	5 克

作法

1 菠菜洗淨，切 3 ～ 5 公分段，燙熟，撈起，瀝乾水分。

2 海苗洗淨，泡軟，放入滾水中燙熟，撈起，瀝乾水分。

3 柳松菇沖淨；豆乾切絲，分別燙熟，撈起，瀝乾水分。

4 將燙熟食材放入容器中，加入全部的調味料拌勻入味。

5 糙米飯放入容器中，加入作法 4、韓式辣椒醬（依個人喜好）與朝鮮海苔即可端上餐桌，食用前攪拌均勻，立即享受美味主食。

【營養成分分析】每一份量 300 克，本食譜含 1 份

熱量 （大卡）	蛋白質 （克）	脂肪 （克）	飽和脂肪 （克）	碳水化合物 （克）	糖 （克）	鈉 （毫克）	葉酸 （微克）
443	23.0	7.4	1.4	72.0	0.8	1800	131

2 韓式馬鈴薯煎餅佐胡蘿蔔醬

材料

去皮馬鈴薯	180 克
胡蘿蔔	50 克
金針菇	30 克
香菜末	10 克
麻油（或植物油）	2 茶匙

調味料

海鹽	1/4 茶匙
純麻油	1 茶匙
白胡椒粉	少許
檸檬汁	1/2 茶匙

作法

1. 胡蘿蔔及金針菇蒸熟，放入調理機攪打均勻，加入全部的調味料、香菜末拌勻後，即為胡蘿蔔醬。

2. 馬鈴薯用磨泥器磨成泥（或用調理機打細），放入濾網中過濾。濾出的馬鈴薯水放入碗中靜置沉澱約 5 分鐘；保留馬鈴薯渣，備用。

3. 將澄清的馬鈴薯水倒出，碗底沉澱的馬鈴薯澱粉和馬鈴薯渣拌勻，即成馬鈴薯麵糊。

4. 取平底鍋，放入麻油（或植物油）加熱，加入適量的馬鈴薯麵糊，煎至兩面金黃色，依序完成，趁熱搭配胡蘿蔔醬，即可享用。

※ 馬鈴薯用磨泥器磨成泥，口感較佳，大量製作時，也可以使用調理機打細，濾出的馬鈴薯水，加點蔬菜，就可以煮成具有馬鈴薯風味的湯喔！

【營養成分分析】每一份量 90 克，本食譜含 1 份

熱量 （大卡）	蛋白質 （克）	脂肪 （克）	飽和脂肪 （克）	碳水化合物 （克）	糖 （克）	鈉 （毫克）	維生素 A （IU）
209	6.3	5.6	0.9	36.0	4.1	398	11568

營養不流失，營養師這樣說——

馬鈴薯含有 80% 的水分，將馬鈴薯打漿或磨泥，靜置沉澱後，取出澱粉晒乾後就是真正的馬鈴薯粉；利用澱粉加熱糊化的特性，和馬鈴薯渣拌勻，做出口感 Q 彈的馬鈴薯煎餅，是韓國北部江原道常見的吃法。生的胡蘿蔔含有抗壞血酸分解酶，煮熟後比較不會影響維生素 C 的吸收；胡蘿蔔含有大量維生素 A，是抗氧化的好幫手，不過，吃太多，皮膚會呈現黃色的色素會沉澱喔！

全餐 | 難易度 | ★☆☆ | 烹調時間 | **40** 分鐘

3 印度烤餅佐堅果咖哩醬

營養不流失，營養師這樣說——

全麥麵粉保留更多小麥中的維生素群與礦物質；而茄紅素在油脂搭配下更好吸收。醬料中使用在歐洲稱為「大地的蘋果」的馬鈴薯作為基底，帶皮食用能保留更多抗氧化物。

【營養成分分析】每一份量 350 克，本食譜含 2 份

熱量 （大卡）	蛋白質 （克）	脂肪 （克）	飽和脂肪 （克）	碳水化合物 （克）	糖 （克）	鈉 （毫克）
318	10.8	7.8	1.9	55.1	3.8	65.0

材料

烤餅材料（可製作 6 片全麥烤餅）

全麥麵粉	120 克
熱水	80 毫升
手粉（全麥麵粉）	適量

堅果咖哩沾醬材料（可製作 600 克醬料）

馬鈴薯	200 克
胡蘿蔔	100 克
蘋果	150 克
咖哩粉	15 克
巧克力	15 克
熟腰果	75 克
橄欖油	10 克
水	250 毫升
鹽	1/4 茶匙（約 1 克）

作法

全麥烤餅

1 全麥麵粉倒入鋼盆，熱水分次加入，揉成麵糰（表面光滑不黏手）。

2 桌面（或不沾布）撒上手粉，將麵糰平分 6 等份，再擀成圓形狀（直徑約 15 公分大小）的麵皮。

3 取一平底鍋，轉小火熱鍋，放入擀好的麵皮，煎約 2 分鐘至表面微膨膨的，翻面繼續煎 1～2 分鐘，即可起鍋。

堅果咖哩沾醬

1 將馬鈴薯、胡蘿蔔、蘋果（去籽）切成小丁，放入鍋中，倒入橄欖油，轉中火拌炒至馬鈴薯熟透。

2 倒入水、咖哩粉、巧克力、鹽加熱至沸騰，轉小火燜煮約 10 分鐘至食材入味。

3 連同腰果放入食物調理機攪拌成泥狀，即成堅果咖哩沾醬。

※ 喜歡有口感者，可預留堅果咖哩沾醬作法 3 的一半食材不要攪打。完成的堅果醬未食用完，可密封包裝，放置冷藏三日內食用完畢。

4 木瓜麵粉煎

材料

全麥麵粉	50 克
冷水	70 毫升
微黃木瓜	50 克
植物油	10 毫升

調味料

鹽	適量

作法

1 選擇表皮已微黃（尚未熟透的木瓜），切絲（若果肉較硬可用刨刀刨絲），備用。

2 全麥麵粉放入容器中，逐次加入冷水拌勻，在室溫下靜置約 15 分鐘，加入鹽調味。

3 將木瓜絲，加入麵粉糊以筷子拌勻，備用。

4 取一個平底鍋，加入植物油加熱，放入適量的麵粉糊，煎至兩面熟透，依序全部完成，即可盛盤食用。

【營養成分分析】每一份量 180 克，本食譜含 1 份

熱量 （大卡）	蛋白質 （克）	脂肪 （克）	飽和脂肪 （克）	碳水化合物 （克）	糖 （克）	鈉 （毫克）
280	6.8	10.9	1.3	41.4	0.2	198

營養不流失，營養師這樣說——

木瓜麵粉煎是南部農民為了不浪費賣相差的木瓜，珍惜食材所製成的點心小吃，此道採用全麥麵粉取代中筋麵粉，更能保留穀物的營養素，唯須特別留意是要讓含有麥麩的麵糊吸飽水分，口感會更好。

營養不流失，營養師這樣說——

西元 1908 年日本東京大學的池田教授在海帶等食物中發現了鮮味的物質——麩胺酸，經分離萃取出「麩胺酸鈉」，誕生了我們熟知的味精；麩胺酸能賦予食物更豐富的風味，豌豆富含有麩胺酸，使用少量海鹽浸泡再烘烤，是吃得到食物原味又充滿鮮味的點心；豌豆雖然是全穀雜糧類，但富含優質蛋白質及鐵質，經常攝取豆類，可與全穀類食物達到胺基酸互補的作用。

點心　難易度｜★　烹調時間｜**20** 分鐘

5 鹽味烤豌豆

材料
乾燥的綠豌豆 ⋯⋯⋯⋯ 100 克
水 ⋯⋯⋯⋯⋯⋯⋯⋯ 200 克

調味料
海鹽 ⋯⋯⋯⋯⋯ 1 茶匙

作法

1 將海鹽放入容器中，倒入水攪拌至溶解。

2 綠豌豆洗淨，倒入作法 1 的鹽水中，浸泡 8 小時以上，取出，瀝乾水分，倒入烤盤，備用。

3 小烤箱預熱，放入綠豌豆烤約 20 分鐘。

4 另取平底鍋，轉中火，待鍋熱後，將綠豌豆倒入烘香，待表面呈現金黃色，熄火，即可作為茶點享用。

※ 可依個人喜好，於烘烤前加入咖哩粉、胡椒粉或喜歡的天然香草拌勻，別有風味。

【營養成分分析】每一份量 30 克，本食譜含 4 份

熱量（大卡）	蛋白質（克）	脂肪（克）	飽和脂肪（克）	碳水化合物（克）	糖（克）	鈉（毫克）
83	6.2	0.2	0	14.7	0	209

強調的營養素
膳食纖維

5.1

精製糖

精製糖（refined sugar）指的是非食物本身的天然糖分，而是以化學加工方式精製過的加工糖，精製糖的加工程度不同，**精緻程度跟糖的純度由低到高是黑糖、紅糖、二砂、白糖、冰糖。**

精緻程度低的會保留比較多的鐵質、鈣質、鉀離子、鎂離子。所以黑糖中就會保留較多的礦物質含量。我們先來聊聊最不健康及最不建議攝取的高果糖糖漿。

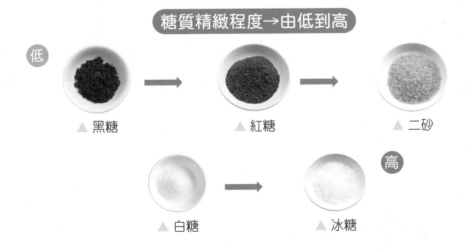

糖質精緻程度→由低到高

低　▲ 黑糖　　▲ 紅糖　　▲ 二砂

▲ 白糖　　▲ 冰糖　高

在當蔗糖缺乏昂貴的年代中，美國食品工業獨特技術製造出高果糖糖漿（**果糖**），是將大量的玉米澱粉水解轉換成多的葡萄糖鍵結的高果糖糖漿，價格低廉、質地稀薄、甜味高、味道純粹。大量的使用在食品科技跟飲料調味。

臺灣的驕傲，蔗糖。臺灣製作的白砂糖純度高，獨特的技術在國際上競爭力強大。製造出的白糖純度 >95% 以上，潔白如雪，只剩蔗糖的糖的熱量甜度，幾乎不含有其他礦物質。因為白糖很純粹，吸水性高，讓食品有保水性；另外蔗糖在加熱過程會和蛋白質食物梅納反應有獨特的風味及色澤產生。這些食品製造的優點讓加工食品經常使用精緻糖。

近幾年研究發現高果糖糖漿的身體的危害

危害 1——肥胖
因為老鼠實現中發現攝取玉米製成的果糖不會有飽足感，會刺激老鼠吃更多的食物。

危害 2 肝臟傷害
60 公斤的男性如果每天吃 180 公克的高果糖糖精連續 6 天會累積成為脂肪肝。而攝取的高果糖糖漿越多，身體會有更高的三酸高油脂。

危害 3 高尿酸血症
高果糖糖漿會干擾肝臟尿酸代謝，抑制尿酸代謝。

危害 4 代謝症候群
高果糖糖精會使代謝紊亂，血糖、胰島素、膽固醇無法在身體維持水平，增加了我們罹患糖尿病跟心臟病的可能性。

為什麼精緻澱粉、精製糖要少吃，但是不能不吃全食物的澱粉食物？為什麼所有的預防醫學保健建議都是少吃精緻糖？

主要是因為精製糖攝取過多（過多定義攝取精製糖熱量 >10% 總熱量需求），因為精製糖消化吸收爆快，只有糖沒有其他營養素，會明顯的讓血糖上升耗盡身體輔酶酵素來代謝。

一定要吃全植物澱粉食物是因為這是細胞最容易利用，最立即可能當成能量來源的食物，而攝取全植物的同時，也攝取了植物的能量——維生素 B 群，幫助能量轉化成力量，礦物質維持細胞的健康有抵抗力，植物多酚類可增強人體的抗氧化能力。並且澱粉是腦細胞神經主要的能量來源，可以調解脂肪的代謝，影響腸胃道的生理功能。

在我們精緻糖的食品當中，並不建議使用精緻糖，而是善用天然的糖，含有更多營養素的雙醣類來烹調佳餚。

善用天然營養的雙醣類烹調

黑蜜糖
保留甘蔗的營養素

椰糖
利用椰子樹汁製成的天然糖

黑糖
鐵質高，適合體質虛或腸胃功能差的長者食用

蜂蜜
含有維生素 B 群，可幫助糖類代謝，減少身體負擔

像是**黑糖蜜豆花**使用的黑糖蜜，黑糖蜜是甘蔗榨汁萃取了高純度二砂糖，留下的黑糖蜜，完完整整的保留了甘蔗的營養素。

義式脆餅中用到椰糖，椰糖是椰子樹汁製成的天然糖，特色是含有礦物質鐵、鋅、鈣和鉀，以及一些短鏈脂肪酸，如多酚；升糖指數比一般的砂糖再更低一些，但是攝取還是要注意分量控制。

地瓜甘露的黑糖調味，黑糖中的鐵質比較高，較適合虛弱腸胃不好的長者飲用。**蘋果全麥蜂蜜蛋糕**使用的是蜂蜜，蜂蜜含有更高的維生素 B 群可幫助糖類的代謝，降低身體負擔。

不會讓你有不健康擔憂，合理的攝取是，甜食依據目前實證飲食建議一周兩次，每次含糖食物建議控制在一天熱量的 10％以內。

▲ 黑糖蜜豆花（詳見第134 頁）。

▲ 義式脆餅（詳見第138 頁）。

▲ 地瓜甘露（詳見第137 頁）。

1 黑糖蜜豆花

材料

市售豆漿（無糖）	3000 毫升
市售豆花粉	1 包（30 克）
冷開水	300 毫升

調味料

黑糖蜜 .... 100 克（10 人份用量）

作法

1. 豆花粉放入容器中，倒入冷開水 300 毫升調勻後，再置入 5 公升耐熱容器，備用。

2. 豆漿倒入湯鍋中，以中大火煮沸，直接倒入調勻的作法 1 的液體中，略拌勻後，靜置放涼，至冷卻凝固成形，即成簡便可食用的豆花。

3. 舀取適量的豆花盛入碗中，再淋入適量的黑糖蜜，即可食用。

※ 豆花冷熱食用皆宜，亦可將豆花搭配無糖豆漿變化口味。製作完成品可放入冰箱冷藏約 2 天（以不超過 3 天為宜）。

【營養成分分析】每一份量 340 克，本食譜含 10 份

熱量 （大卡）	蛋白質 （克）	脂肪 （克）	飽和脂肪 （克）	碳水化合物 （克）	糖 （克）	鈉 （毫克）
134	10.9	5.8	1.2	11.2	6.9	6.9

營養不流失，營養師這樣說——

相較於砂糖或白糖，黑糖蜜含有較豐富維生素和礦物質，和無糖豆漿搭配，是一道清爽的高蛋白點心。然而黑糖蜜也含有一定的糖分！過量的攝取仍會對血糖或血脂造成影響。

營養不流失，營養師這樣說——

建議地瓜用菜瓜布刷洗乾淨，但不去皮，可保留較多的維生素 A 含量，且地瓜表皮所含的植化素、維生素及膳食纖維含量等營養成分，也都比果肉來得多。

點心 　難易度 | ★ 　烹調時間 | **30** 分鐘

2 地瓜甘露煮

材料
地瓜 ⋯⋯⋯⋯⋯⋯⋯⋯⋯ 400 克

調味料
黑糖 ⋯⋯⋯⋯⋯⋯⋯⋯ 20 克
味醂 ⋯⋯⋯⋯⋯⋯⋯⋯ 40 毫升
醬油 ⋯⋯⋯⋯⋯⋯⋯⋯ 15 毫升
水 ⋯⋯⋯⋯⋯⋯⋯⋯ 450 毫升

作法

1 地瓜用菜瓜布刷洗表皮，洗淨，切厚片，泡水 5 分鐘（**去澀味**），備用。

2 取湯鍋，放入水、黑糖，轉大火煮至溶化。

3 再加入地瓜、味醂、醬油，轉大火煮滾，再以小火煮約 5 ～ 10 分鐘至收汁（**可用筷子插入測試已煮熟軟**），熄火，放涼，即可食用。

【營養成分分析】每一份量 110 克，本食譜含 4 份

熱量（大卡）	蛋白質（克）	脂肪（克）	飽和脂肪（克）	碳水化合物（克）	糖（克）	鈉（毫克）
147	1.7	0.4	0.3	34.0	8.0	45.0

3 義式脆餅

材料

全麥麵粉	50 克
泡打粉	1/2 茶匙
椰子粉	10 克
原味杏仁	20 克
蔓越莓乾	10 克
椰糖	20 克
水	40 毫升

調味料

海鹽	少許

作法

1 將每顆杏仁切成 3～4 塊；蔓越莓乾切成粗粒；椰糖碾碎，倒入水中待融化，備用。

2 小烤箱預熱 10 分鐘，烤盤鋪上烘焙紙，備用。

3 取一個大容器，放入全麥麵粉、泡打粉、椰子粉拌勻後加入作法 1，攪拌成稍微濕黏的麵糰。

4 在麵糰灑上少許全麥麵粉（手粉），放在烤盤上，用手塑成長扁型（厚度約 1 公分、寬 5～6 公分），烤約 20 分鐘定型。

5 取出，待稍涼後，用鋒利的小刀切成厚度約 0.6 公分的薄片，再烤 15～20 分鐘至乾硬。

6 取出，待涼後，放在密閉罐中保存。

※ 義式脆餅作法簡單用一般的小烤箱也可以完成，但若烤溫太高，可在脆餅上方覆蓋錫箔紙或是打開烤箱降溫；若用溫控烤箱，可以用 150～170℃低溫烘烤。

※ 也可以使用其他堅果或果乾替代，或加上蛋，口感更香酥。

※ 加少許海鹽會讓口感更有層次，也可不加。

營養不流失，營養師這樣說——

義式脆餅最重要的是「二次烘烤」，先烤定型後切薄片，
再度烘烤至乾脆，放在密閉罐中可長時間保存，相傳是羅馬
軍團的口糧；可添加各式堅果或香草，甜鹹皆可。食用時，
沾咖啡一起享用。杏仁含豐富維生素 E 及纖維，葉酸含量
也很豐富，是維持細胞健康的好幫手。

一醣一 少憨知足最大富

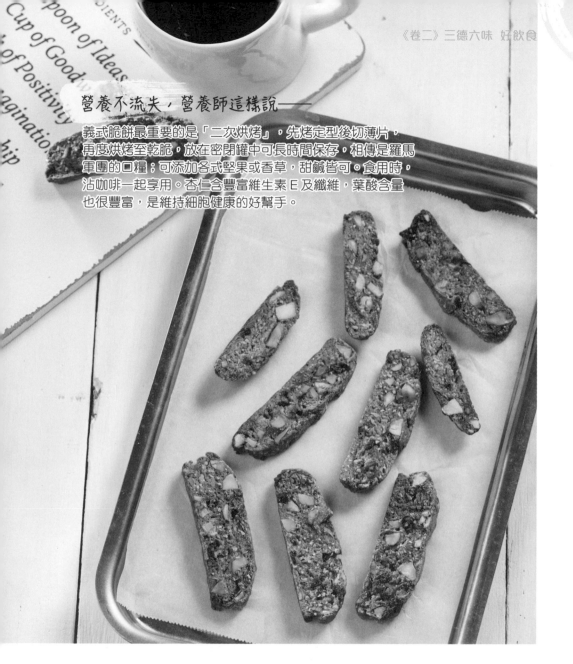

【營養成分分析】每一份量 26 克，本食譜含 4 份

熱量 （大卡）	蛋白質 （克）	脂肪 （克）	飽和脂肪 （克）	碳水化合物 （克）	糖 （克）	鈉 （毫克）	葉酸 （毫克）
118	3.0	4.3	1.6	17.7	6.5	31.5	12.8

維生素 E （毫克）
1.3

營養不流失，營養師這樣說——

這一款全植物蛋糕是使用天然的蜂蜜，
含有豐富的酵素及鉀離子，而蜂蜜內的
糖能迅速被人體吸收，適合用腦過度、
疲憊者食用。

【營養成分分析】本食譜 共 500 克，每 1 份 50 克共 10 份

熱量 （大卡）	蛋白質 （克）	脂肪 （克）	飽和脂肪 （克）	碳水化合物 （克）	糖 （克）	鈉 （毫克）	鎂 （毫克）
135	2.4	3.8	0.4	24.7	12.4	14.7	18.6

點心　難易度│★★　烹調時間│**80**分鐘

4 蘋果全麥蛋糕

材料

蘋果丁 250 克（約兩顆去皮去籽）	
水	75cc
檸檬汁	1 大匙
全麥麵粉	100 克
杏仁粉	100 克
泡打粉	1/2 茶匙
小蘇打粉	1/4 茶匙

調味料

鹽	1/4 茶匙
蜂蜜	120 克
肉桂粉	1/4 茶匙

作法

1 蘋果丁（約 1 公分 ×1 公分）、水、鹽放入湯鍋中，煮至水沸（蘋果表面出現微透明後），加入檸檬汁、蜂蜜 110 克，以小火煮到蘋果呈透明狀（並保留黏稠蘋果汁），即可熄火，加入肉桂粉，放涼，即成蘋果醬。

2 放涼的蘋果醬加入全麥麵粉、杏仁粉、泡打粉、小蘇打粉，全部同一方向攪拌均勻（攪拌過程可以將蘋果塊拌碎這樣味道更均勻）。

3 烤箱預熱 180 度。取蛋糕烤盤，烤盤底部放入烘焙紙鋪平，倒入作法 2。

4 上面鋪上切成半月形薄片的蘋果，淋入蜂蜜 10 克，移入烤箱中烤熟，放涼，即可食用（吃不完建議密封冰箱冷藏保存約 2 天）。

膳食纖維

　　根據衛福部公告第八版的「國人膳食營養素參考攝取量（DRIs）」，可得知九成的成年人每日膳食纖維攝取不足，容易導致大腸癌及許多的慢性疾病。

膳食纖維攝取不足容易導致許多的慢性疾病

結腸癌

升結腸　　　橫結腸　　　大腸癌

降結腸

乙狀結腸

盲腸

直腸　　直腸癌

　　衛福部建議膳食纖維攝取量大約為 20 ～ 38 克，依年齡、性別、活動量、總熱量攝取而略調整。為什麼經常聽到宣導要吃蔬菜水果呢？到底有什麼理由非吃蔬果不可？

　　因為蔬菜水果中含豐富的維生素 B、C、E，礦物質如：鈣、鐵、鉀、磷、鎂、硒等，及植化素（phytochemicals），如：青花

素、茄紅素等,還包含了所謂的膳食纖維。

膳食纖維(Dietary fiber)是存在於植物細胞壁、細胞間質的一些不能被人體腸胃道消化酶分解及吸收利用的多醣類(如纖維素、半纖維素、果膠質、樹膠質)及木質素。主要分為「水溶性纖維」及「非水溶性纖維」兩大類。

水溶性纖維

包含果膠、β-葡聚醣等等。**水溶性纖維的好處可以促進腸道益生菌生長,進而增強免疫力、也可以降低低密度膽固醇(LDL)、延緩醣類吸收,避免餐後血糖過高,所以對慢性病的預防有相當的功效。**

非水溶性纖維

包含**木質素**及**纖維素**,不溶於水,所以可以促進腸胃蠕動、排出腸道廢物,避免便秘及有害物質殘存在腸道中,增加排出,**降低大腸癌風險。**

此外,膳食纖維還可以增加飽足感,減少攝取額外的熱量。膳食纖維除了存在於大家熟知的蔬菜、水果之中,也存在於全穀雜糧及堅果及種子類,還有菇類。

以乾香菇為例,除了豐富的膳食纖維,也含鉀、鈣、鎂、鐵、鋅等礦物質及維生素 B 群。而且香菇含有多醣體,可增加人體免疫能力,減緩癌細胞的繁殖與生長。

鉀、鈣、鎂、鐵、鋅

在料理的建議上，選擇了深綠色蔬菜，還會建議加適量的油（例如「胡麻龍鬚菜」有添加胡麻醬食用），因為可以幫助脂溶性維生素 A、K、E 吸收。

很多人會認為，吃大量膳食纖維一定可以避免便秘。這個想法沒有錯，但若沒有攝取足夠的水分的話，大量的膳食纖維還是會卡在腸道，可能會導致腹痛、便秘的狀況，所以除了膳食纖維的攝取，一天還需要喝約二千毫升的水，才能保證健康乾淨的腸道。

▲ 胡麻龍鬚菜（詳見第 149 頁）。

▲ 鳳梨奇亞籽銀耳露（詳見第 154 頁）。

　　蔬菜、水果、全穀類（包含糙米、藜麥、大麥、小米、蕎麥、燕麥片）、堅果（最好是選擇低溫烘焙的堅果，如：腰果、核桃、杏仁等）種子類（奇亞籽、山粉圓），皆是膳食纖維的好選擇。

膳食纖維的好選擇

蔬菜類	水果類	全穀類	堅果種子類

　　根據最新版的每日飲食指南，一天需吃約 3 ～ 5 份蔬菜、2 ～ 4 份水果（蔬果一份約為一個女性拳頭這麼大）、全穀類佔主食 1/3 比例，才可以達到每天所需的膳食纖維。

每日飲食指南

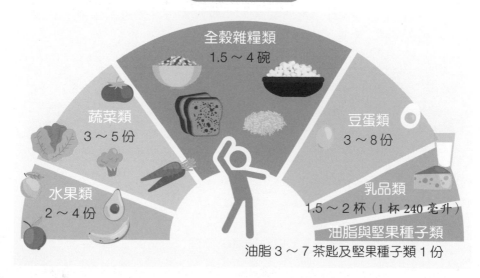

全穀雜糧類
1.5 ～ 4 碗

蔬菜類
3 ～ 5 份

豆蛋類
3 ～ 8 份

水果類
2 ～ 4 份

乳品類
1.5 ～ 2 杯（1 杯 240 毫升）

油脂與堅果種子類
油脂 3 ～ 7 茶匙及堅果種子類 1 份

1 BBQ 菇排

材料

新鮮大香菇 —— 100 克

調味料

BBQ 沾醬

醬油	2 大匙
黑糖	1 大匙
味醂	1 茶匙
蓮藕粉	1 大匙
強化啤酒酵母粉	1 大匙
水	100CC

作法

菇排

1 大香菇用濕紙巾擦淨，切除根莖，取二片以竹籤串起，依序全部完成。

2 BBQ 沾醬：將水 100CC、醬油、黑糖及味醂倒入小湯鍋混合均勻，以中火煮沸，加入蓮藕粉水（蓮藕粉先取少許水調勻）勾芡，放涼後（上桌前）拌入強化啤酒酵母粉，即成。

3 將燒烤煎盤熱鍋（或平底鍋），放入大香菇串燒烤至熟，盛盤，搭配 BBQ 沾醬，即可食用。

【營養成分分析】每一份量 110 克，本食譜含 1 份

熱量 （大卡）	蛋白質 （克）	脂肪 （克）	飽和脂肪 （克）	碳水化合物 （克）	糖 （克）	鈉 （毫克）
130	8	5.5	0.1	17.3	5.4	1500

維生素 B1 （毫克）	維生素 B2 （毫克）
1.0	1.1

營養不流失，營養師這樣說——

蔬食者選擇含 B 群食物（全穀類／豆類）份量
不足時，可以適度利用營養強化製品製作醬料。
BBQ 沾醬料的設計，就是搭配菇排食用的時候，
可以幫助提高維生素 B 群的吸收率。

龍鬚菜是佛手瓜生長出的嫩芽，產季是每年的 4～10 月，
生長力強，所以種植不需要噴灑農藥，每 100 公克龍鬚菜
含有 2.3 公克膳食纖維，採用涼拌料理可以保留食材大部分
的水溶性維生素，亦是現代人健康養生的優質蔬菜。

配菜　難易度｜★　烹調時間｜ **10** 分鐘

2 胡麻龍鬚菜

材料

| 龍鬚菜 | 100 克 |
| 白芝麻 | 2 克 |

調味料

| 胡麻醬 | 10 克 |
| 鹽 | 3 克 |

作法

1 龍鬚菜洗淨，摘除尾端老化的葉梗，再切成段。

2 準備一鍋沸水，放入少許的鹽，再加入龍鬚菜汆燙至熟，撈起。

3 將汆燙好的龍鬚菜放涼，淋上胡麻醬，撒上白芝麻，即可食用。

【營養成分分析】每一份量 100 克，本食譜含 1 份

熱量 （大卡）	蛋白質 （克）	脂肪 （克）	飽和脂肪 （克）	碳水化合物 （克）	糖 （克）	鈉 （毫克）
98	5.7	7.4	1.4	5.4	0.3	1040

難易度│★★　　烹調時間│ **20** 分鐘

3 清炒甜椒豌豆苗

材料

豌豆苗 .... 150 克
紅甜椒 .... 30 克（約 **1/4** 顆）
薑絲 .... 適量

調味料

鹽 .... 1/4 茶匙
葵花籽油 .... 2 茶匙

作法

1 豌豆苗洗淨，折成適口大小；紅甜椒洗淨，
　切長條狀。

2 取平底鍋以中小火熱鍋，倒入葵花籽油加
　熱，放入薑絲炒香。

3 再加入豌豆苗、紅甜椒，以中火炒至八分熟，
　加入鹽拌勻，即可盛盤食用。

【營養成分分析】每一份量 90 克，本食譜含 2 份

熱量 （大卡）	蛋白質 （克）	脂肪 （克）	飽和脂肪 （克）	碳水化合物 （克）	糖 （克）	鈉 （毫克）
69	2.9	5.4	0.7	4.4	-	210

營養不流失，營養師這樣說——

豌豆苗別名豆苗，是豌豆的幼苗，其含
有豐富的膳食纖維，每 100 公克豌豆苗
含有 2.3 公克膳食纖維。透過品質良好
的油脂烹調豌豆苗及甜椒，可以攝取到
豐富的脂溶性維生素 E。

一醣一少憨知足最大富

營養不流失，營養師這樣說——

菇類富含水溶性膳食纖維，將這類食材入菜可幫助增加青菜攝取量，常見的美白菇每 100 公克就富含 1.5 克膳食纖維。此道菜中添加芝麻油除了增加香氣，油脂也可以幫助脂溶性維生素 K 吸收。

 湯品　難易度│★　烹調時間│15 分鐘

4 韓式泡菜湯

材料

韓式泡菜	300 克
板豆腐	150 克
美白菇	50 克
芝麻油	2 茶匙
水	400 毫升

調味料

韓式辣椒醬	適量

作法

1 將韓式泡菜切段;板豆腐切片;美白菇撕開,用水沖洗後,備用。

2 取炒鍋轉中火熱鍋,倒入芝麻油加熱,放入韓式泡菜,以中火拌炒 1 分鐘。

3 再加入水、板豆腐、美白菇煮沸,轉小火燜煮 5 ～ 7 分鐘,即可起鍋(可依個人喜好添加韓式辣椒醬調整辣度)食用。

【營養成分分析】每一份量 450 克,本食譜含 2 份

熱量 (大卡)	蛋白質 (克)	脂肪 (克)	飽和脂肪 (克)	碳水化合物 (克)	糖 (克)	鈉 (毫克)	維生素 K (毫克)
160	10.0	8.2	1.8	14.6	2.1	732	68.8

5 鳳梨奇亞籽銀耳露

材料
乾燥的白木耳 ⋯⋯⋯⋯ 40 公克
水 ⋯⋯⋯⋯⋯⋯⋯⋯ 1500 毫升
鳳梨（去皮）⋯⋯⋯⋯ 400 公克
奇亞籽 ⋯⋯⋯⋯⋯⋯⋯ 14 克

調味料
羅漢果糖 ⋯⋯⋯⋯⋯⋯ 45 克

作法

1 製作的前一晚先將乾燥的銀耳浸泡於水中（移入冰箱冷藏），隔日取出，去除白木耳較硬的蒂頭；鳳梨切細丁，備用

2 將膨脹後的白木耳放入果汁機打碎，倒入電鍋內鍋中，加水 1500 毫升，外鍋加水 2 杯烹煮。

　※ 白木耳可依個人喜好，決定是否再次烹煮至膠狀（完成作法 2 後，
　　 外鍋再加水 1 杯烹煮）；或保留咀嚼的口感。

3 待白木耳烹煮至膠狀後，再加入奇亞籽、羅漢果糖、鳳梨丁拌勻，即可食用。

4 放冰箱冷藏後食用口感更佳；若要冰存 2 天以上，可將鳳梨丁與白木耳露以小火煮至沸騰（一邊煮一邊攪拌）再拌入奇亞籽與羅漢果糖，以延長其保鮮期，並建議於 3 天內食用完。

【營養成分分析】本食譜 共 7 份，每 1 份 280 克

熱量（大卡）	蛋白質（克）	脂肪（克）	飽和脂肪（克）	碳水化合物（克）	糖（克）	鈉（毫克）	膳食纖維（毫克）
50	1.0	1.0	0	13.0	7.0	2.0	5.0

營養不流失，營養師這樣說——

膳食纖維廣存於植物界中，這道甜湯採用種
子類——奇亞籽、食用菇菌類的白木耳及水果
類的鳳梨，藉由食材本身富含泡水後膨脹，並產生
黏膠狀物質的水溶性纖維與在水中不會溶解、吸收，
幾乎可完整通過消化道的非水溶性纖維的特性，
來協助延緩血糖上升速度、增加飽足感與調節腸道機能。

| 脂肪 | 為善競爭

油是植物的好

談到脂肪大家都很害怕，但脂肪其實對人體的健康很重要！脂肪的功能包含提供熱量、保護內臟器官、作為傳送及吸收脂溶性維生素 A、D、 E 和 K 的媒介、製造膽固醇與荷爾蒙的主要原料等。每一公克的脂肪燃燒可以產生 9 大卡熱量，是蛋白質、醣類的兩倍多。往往胖胖的人都比較不怕冷，就可知道是脂肪保暖的功效。

案例 門診中一位積極減重的病人，在減了大概 10 公斤後，容易腰痠、肚子痛，看了很多醫生，仍然沒有找到原因。

剛開始也覺得納悶？後來靈機一動問病人說：「你什麼時候會特別痛？」他說：「當我運動以後」。

因此，猜想有沒有可能因為減肥減得太厲害了？兩邊的腎臟旁邊已經沒有脂肪，導致運動時，腎臟就會跑來跑去，結果一查真的是遊離腎。

於是請病人增胖 3 公斤後，肚子就不痛了。脂肪是真的很重要，不能太瘦，太瘦就會連保護我們器官的油都沒有了。

另一個與脂肪相關的是「**膽固醇**」，人人都怕膽固醇過高，但沒有膽固醇也不行，因為身體裡有幾兆個細胞，而細胞膜是由膽固醇組成的，所以一定要有膽固醇。植物含「植物固醇」，它的結構式樣態和膽固醇很像，會跟膽固醇競爭。以植物固醇代替，身體就不會吸收過多的膽固醇。

　　脂肪的主要成分「三酸甘油酯」，分為**飽和脂肪酸**及**單元不飽和脂肪酸**、**多元不飽和脂肪酸**。「飽和」、「不飽和」，指的是油脂的化學結構中的碳氫鏈有沒有破口，破口多，越不穩定。

　　像豬油、雞油等是飽和脂肪酸。美國加州和歐洲常見的橄欖油、華人常用的苦茶油，以及常被大家誤以為是水果類的酪梨，就是單元不飽和脂肪酸為主的油脂，如果以它取代飽和脂肪酸，對我們的心臟血管是有好處的。

　　簡單的區分法，所有動物油是飽和脂肪酸，植物油是不飽和脂肪酸，除了東南亞的椰子油及棕櫚油例外，這兩種是飽和脂肪酸。所以椰子油不能用太多，過量會傷害心血管。

　　外觀上，飽和脂肪酸在室溫下是固態或接近固態的，比較穩定；多數植物油或穀類的油，如玄米油、葡萄籽油、芝麻油、葵花油、大豆油，則是不飽和脂肪酸為主的油脂。

　　不飽和脂肪酸的油，有高溫烹調不穩定的問題，因此食品業者會將油氫化希望它穩定，但過程中產生了對人體有害的「反式脂肪酸」。

　　「**反式脂肪酸**」是人工產生的飽和脂肪酸，更容易造成心臟血管疾病。總之，「反式脂肪酸」及「回鍋油」是很糟糕的脂肪。天然的最好，盡量用天然的植物油品。

營養不流失，營養師這樣說——

苦茶油號稱東方橄欖油，冒煙點可高達 250℃，屬於穩定性高的油脂，可以安心加熱，製成豆鼓辣椒醬風味，可以提高辣椒的脂溶性營養素吸收。

【營養成分分析】每一份量 5 克，本食譜含 180 份

熱量 （大卡）	蛋白質 （克）	脂肪 （克）	飽和脂肪 （克）	碳水化合物 （克）	糖 （克）	鈉 （毫克）	油酸 （毫克）
32	0.4	3.3	0.4	0.5	0	71.0	2.5

醬料　　難易度｜★★★　　烹調時間｜ **90** 分鐘

1 苦茶油豆鼓辣椒醬

一脂肪一為善競爭

材料

燈籠椒乾辣椒（香氣）	80 克
小米乾辣椒（辣度）	20 克
子彈頭乾辣椒（色澤）	50 克
豆鼓	200 克
老薑末	40 克
月桂葉	3 片
八角	3 顆
花椒	15 克
苦茶油	600 克
苦茶油	1 大匙

調味料

精鹽	6 克
純蔗糖	5 克

作法

1 將三種乾辣椒洗乾淨，瀝乾水分，取苦茶油 1 大匙，以中火炒香三種辣椒（約 5 分鐘），再放入食物處理機攪打成粗碎狀。

2 取 100 克豆鼓用手捏碎，放入容器中，再加入剩餘的 100 克豆鼓，放入電鍋中蒸 20 分鐘（外鍋水 1 杯），激發豆鼓的香氣。

3 取乾淨炒鍋，倒入苦茶油 600 克，以中火燒到油溫約 90 度，放入月桂葉、八角、花椒，再轉小火煮 5 分鐘後，全部撈出。

4 加入老薑末，待油泡泡變小（薑末不用撈除），放入已蒸香的豆鼓，以小火炒 10 分鐘（把豆鼓的水分炒乾）。

5 加入作法 1 磨碎的乾辣椒，以小火炒約 15 分鐘（避免乾辣椒燒焦），熄火，放入精鹽、純蔗糖拌勻，即成豆鼓辣椒醬。

6 將完成的豆鼓辣椒醬放入已消毒好的玻璃瓶，靜置在室溫下約 12 小時，待整體的味道融合，即可享用。

醬料　難易度｜★★　烹調時間｜**25**分鐘

2 S辣醬

材料

紅辣椒	25 克
牛番茄	150 克
南瓜籽	15 克
核桃	20 克

調味料

黑糖	2 大匙
鹽	1 茶匙
靜思書軒蔬食料理粉（咖哩口味）	2 大匙

作法

1 紅辣椒、牛番茄洗淨，放入不沾鍋，加蓋，以中火燜煎 5 分鐘，殺菌冷卻後，將紅番茄脫皮。

2 南瓜籽、核桃，放入烤箱，以低溫烘烤至熟約 15 ～ 20 分鐘。

3 取食物處理機，放入全部的材料及調味料，攪打至均質，即成。

【營養成分分析】每一份量 180 克，本食譜含 1 份

熱量 （大卡）	蛋白質 （克）	脂肪 （克）	飽和脂肪 （克）	碳水化合物 （克）	糖 （克）	鈉 （毫克）	維生素 E （毫克）
362	9.8	21.0	2.8	42.8	33.1	1772	11.0

營養不流失，營養師這樣說——

此料理的創意發想來自於東南亞的參巴醬（Sambel），將富含油脂的堅果打成醬料，可以輔助茄紅素吸收，且適度攝取辣椒素，有益血液循環及提升生理代謝，但需依個人辣味的耐受度，選擇辣椒種類與比例。另提醒，此成分含有蔬果的醬料，建議每餐新鮮製作、及早用畢最佳。

一脂肪一為善競爭

營養不流失，營養師這樣說——

羽衣甘藍中的蘿蔔硫素有抗氧化的效果，經研究證實比起清炒，用烤的方式進行烹調，更能保留更多的蘿蔔硫素。

沙拉　難易度｜★　烹調時間｜**20** 分鐘

3 橄欖油羽衣甘藍天貝溫沙拉

材料

羽衣甘藍	200 克
天貝	50 克
地瓜	150 克

調味料

橄欖油	1 茶匙
蘋果醋	2 茶匙
楓糖漿	1 茶匙
淡醬油	1 茶匙
黑胡椒	少許
檸檬汁	1 大匙

作法

1 羽衣甘藍洗淨，擦乾水分（因羽衣甘藍的梗較為粗硬，不好咀嚼，建議可剪下葉子用）；地瓜洗淨，蒸熟；天貝，切片。

2 將切片的天貝、地瓜、羽衣甘藍放在烤盤，移入烤箱，以 150 度烤約 15 分鐘。

3 全部的調味料放入容器中，攪拌均勻，即成醬汁。

4 將已烤酥脆的羽衣甘藍、香甜地瓜、天貝跟醬汁混合，即可食用。

【營養成分分析】每一份量 425 克，本食譜含 1 份

熱量 （大卡）	蛋白質 （克）	脂肪 （克）	飽和脂肪 （克）	碳水化合物 （克）	糖 （克）	鈉 （毫克）	油酸 （毫克）
492	18.0	21.0	3.6	65.0	4	674	10.9

點心　難易度 | ★★★　烹調時間 | **60**分鐘

4 紅棗核桃饅頭

材料

去籽紅棗	50 克（約 6 顆）
核桃	50 克（約 8 顆）
全麥麵粉	200 克

調味料

黑糖	50 克
酵母粉	2 克
溫水	85 毫升
岩鹽	1 克

作法

1 取溫水（約 40 度）85 毫升混合黑糖 30 克後，加入酵母粉。

2 將作法 1 加入全麥麵粉中及岩鹽（增加麵糰筋性）。使用筷子攪拌成棉絮狀後，開始用手揉成三光（建議搓揉 10 分鐘）後，蓋上棉布或保鮮膜進行第一次發酵（建議第一次發酵 40 ～ 60 分鐘）。

3 等待發酵時間，可將去籽紅棗、核桃、黑糖 20 克，放入食物處理機攪打成細末。

4 取出第一次發酵完成麵糰，用桿麵棍桿平，再放入作法 3 紅棗核桃末鋪平，再將麵糰捲起來。

5 將作法 4 搓成長條狀，再等份切成 5 個麵糰，搓圓，放在剪成正方形的烘焙紙上，放入已冒煙的電鍋上（放置水 2 杯，等電鍋冒出蒸氣時放入），蒸 20 分鐘後，即成。

【營養成分分析】每一份量 70 克，本食譜含 5 份

熱量（大卡）	蛋白質（克）	脂肪（克）	飽和脂肪（克）	碳水化合物（克）	糖（克）	鈉（毫克）
253	7.3	7.5	0.7	43.0	6.0	89.0

Omega-3 脂肪酸（毫克）
737

營養不流失，營養師這樣說——

堅果種子類的核桃是富含 Omega-3 脂肪酸食物，具有抵抗
體內發炎、強化大腦並提升專注力與記憶，也是保護人體神
經系統及視網膜健康的營養。許多研究指出，Omega-3 脂
肪酸能降低三酸甘油酯及血壓，對於預防心臟病、中風等心
血管疾病有益。

營養不流失，營養師這樣說——

植物油脂肪酸比例以多元不飽和脂肪酸為主；動物性油脂則以飽和脂肪酸居多，美國心臟學會建議油脂比例多元不飽和脂肪酸（P）：單元不飽和脂肪酸（M）：飽和脂肪酸（S）=1：1.5：0.8。

酪梨所含的單元不飽和脂肪酸為多元不飽和脂肪酸的 3 倍以上，以酪梨來搭配水果、製成飲品或入菜，皆有助於提升單元不飽和脂肪酸比例。

脂肪 ─ 為善競爭

飲品 　難易度｜★　　烹調時間｜**10**分鐘

5 酪梨香蕉芝麻飲

材料

酪梨	1顆（約180克）
香蕉	1根（約120克）
黑芝麻粉	1大匙
無糖豆漿	1罐（400毫升）

作法

1 酪梨、香蕉分別洗淨，取出果肉，備用。

2 酪梨、香蕉、黑芝麻粉及無糖豆漿，放入調理機攪打均質。

3 倒入杯中，即可飲用（建議於30分鐘內飲用完畢）。

【營養成分分析】每一份量600克，本食譜含1份

熱量 （大卡）	蛋白質 （克）	脂肪 （克）	飽和脂肪 （克）	碳水化合物 （克）	糖 （克）	鈉 （毫克）
359	19.1	22.6	5.2	30.8	15.9	9.7

脂肪酸比例 P/M/S

　　1：1：0.6

6 巴西堅果青醬

材料

九層塔	150 克
無調味杏仁果（熟）	20 克
無調味巴西堅果（熟）	20 克

調味料

橄欖油	5 大匙
鹽	1 茶匙
綜合胡椒粉	1/2 茶匙

作法

1 將九層塔洗淨、晾乾至無水分殘留；將無調味杏仁果、巴西堅果，放入乾鍋翻炒 3 ～ 5 分鐘至香味溢出，放涼，備用。

2 已晾乾的九層塔、杏仁果、巴西堅果放入調理機，倒入橄欖油攪打成碎泥狀。

3 加入鹽、綜合胡椒粉調味（若覺得太乾，難以攪打可加入少許冷開水，或橄欖油續打），拌勻即成。

4 將攪打完成的青醬放入已消毒的玻璃罐，加蓋密封保存，即成美味的醬料。

※ 完成的巴西堅果青醬，冷藏可放一週，也可以用製冰盒分裝冷凍保存。

【營養成分分析】每一份量 50 克，本食譜含 5 份

熱量（大卡）	蛋白質（克）	脂肪（克）	飽和脂肪（克）	碳水化合物（克）	糖（克）	鈉（毫克）	硒（毫克）
162	2.3	19.8	3.3	2.7	0.3	345	384

脂
肪
|
為
善
競
爭

營養不流失，營養師這樣說──

微量元素硒有抗氧化、協助代謝、增強免疫力的作用。硒會
根據種植的土壤、使用肥料含量有所不同，目前已知食物中
含硒量最高的是巴西堅果，日常生活中可將青醬常用的堅果
部分以巴西堅果取代，可幫助人體補充硒元素。

| 茹素謬誤 |

　　每個人茹素的理由都不太一樣，有些人是因宗教信仰，有些人是為了健康，有些人是為了減少畜牧業排放的二氧化碳量而吃素，有些人是因不想傷害動物而吃素，有些人則是因為家裡本身就吃素而習慣吃素。除了家裡本身就吃素的人，其他人在決定素食飲食的時候，是否發生過因親朋好友的擔心，怕身體缺乏某些營養素，怕營養不良而打消念頭？

　　有人說吃素容易貧血、骨質疏鬆，有人說吃素不能吃肉，就會吃很鹹，或是吃太多醬菜、醬瓜之類的，導致罹患高血壓或心血管疾病的風險……。其實，只要均衡飲食，養成正確的營養攝取觀念，素食絕對可以常保健康，遠離慢性疾病。

●謬誤 1　吃素的人較容易骨質疏鬆？

　　人體的骨質量大約在 20 ～ 30 歲會達到高峰，之後骨質量會隨著年齡逐漸減少。若骨質流失過多，使得骨骼變脆、變弱，就是所謂的骨質疏鬆。

預防骨質疏鬆的 3 個重點

1 攝取適當鈣質與優質蛋白質

2 攝取足夠維生素 D、適度晒太陽

3（肌力）負荷運動

富含鈣質與優質蛋白質食物，除了牛奶與其製品外，板豆腐、豆乾、豆皮、干絲等食物，也屬於高鈣質、優質蛋白質的食物，而黃豆製品除了富含植物蛋白質外，其飽和脂肪含量較低，且含膳食纖維與植化素，對調節生理機能也有所幫助。

▲ 富含鈣質與優質蛋白質的食材。

但每天都吃紅燒豆腐或炒豆乾，吃久了也會膩，鼓勵素食者多變換菜色，創意有趣又吃得健康。

「日式漢堡排」、「炙燒椒饗曲握壽司」這二道美味料理採用板豆腐為主食材，而板豆腐是屬於高鈣、優質蛋白質食物。日式漢堡排的材料還包括富含維生素 E 的堅果類，並加入植物油烹調，即使是牙口不佳的長者也能充分攝取到維生素 E。

▲ 日式漢堡排（詳見第 185 頁）。

▲ 炙燒椒饗曲握壽司（詳見第 186 頁）。

▼ 經日晒的乾木耳、乾香菇
會提高維生素 D 含量。

　　維生素 D 主要的動物性食物來源為鮭魚、鯖魚、牛奶、蛋黃等，植物性來源雖然較少，但選擇日晒過的乾木耳、乾香菇，維生素 D 的含量會提高。木耳大部分烹調是用炒的，其實涼拌的方式也很好吃。在這裡提醒，因**維生素 D 可幫助鈣質吸收，建議大家在同一餐攝取富含鈣質與維生素 D 的食物。**

● 謬誤 2 **吃素的人因缺乏維生素 B12，較容易貧血？**

　　維生素 B12 主要存在動物性食物中，例如：肝臟類、肉類、牛奶或其製品，因此素食者較容易缺乏，但只要透過一些飲食小技巧，例如：**料理中添加營養酵母粉，茹素者也可以攝取到足夠的維生素 B12。**

▲ 青龍辣椒鑲天貝（詳見第 181 頁）。

　　「**紫米糕**」與「**青龍辣椒鑲天貝**」都是強化攝取維生素 B12 的食譜。「紫米糕」除了加入營養酵母外，藻類也屬於維生素 B12 含量較高的食物。天貝是一種發源於印尼的食品，大多是由黃豆發酵製成，屬於優質蛋白質，對紅血球生成也很有幫助。

● 謬誤 3　**吃素的人，飲食變化性少，所以免不了常吃醬菜、醬瓜、海苔醬等高鈉食物，增加罹患高血壓或心血管疾病的風險？**

不管是葷食或素食，皆建議以均衡飲食為主。尤其隨著年齡增加，可能會因為味覺、口味改變而使口味變重，此時會建議以天然食材或辛香料增添風味，例如：菇類、檸檬、番茄、藻類等食材，大家也可以試試，動手自製美味又營養的醬料。

▲ 香菇海苔醬（詳見第 178 頁）。

善用天然食材或辛香料增添風味

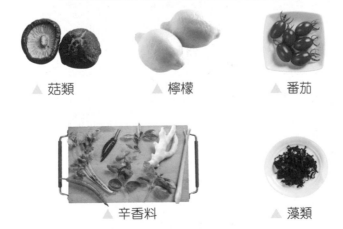
▲ 菇類　　▲ 檸檬　　▲ 番茄
▲ 辛香料　　▲ 藻類

難易度│★　　烹調時間│ **10** 分鐘

1 芥末木耳

材料

黑木耳	80 克（或乾黑木耳 20 克）
杏鮑菇	30 克
薑絲	10 克

調味料

醬油	1 茶匙
芥末醬	1 茶匙
糖	2 克

作法

1 將黑木耳洗淨，切片；杏鮑菇切片，備用。

2 黑木耳、杏鮑菇分別放入滾水中燙熟，撈起，瀝乾水分，放入容器中，加入薑絲。

3 全部的調味料放入容器中拌勻，淋在作法 **2**，即可食用（亦可放入冰箱冷藏一晚後，再食用更入味）。

【營養成分分析】每一份量 120 克，本食譜含 1 份

熱量 （大卡）	蛋白質 （克）	脂肪 （克）	飽和脂肪 （克）	碳水化合物 （克）	糖 （克）	鈉 （毫克）	維生素 D （微克）
86	4.0	0.5	0.1	24.0	2.0	270	39.2

營養不流失，營養師這樣說——

黑木耳含有維生素 D，含量不多，研究發現選擇有日晒過的
乾木耳，維生素 D 的含量會增多。

營養不流失，營養師這樣說——

維生素 B12 屬於水溶性營養素，容易因高溫烹調而流失，此道料理透過使用富含維生素 B12 的營養酵母，取代紫米糕中的花生粉，增加維生素 B12 的攝取量。

【營養成分分析】每一份量 95 克，本食譜含 3 份

熱量 （大卡）	蛋白質 （克）	脂肪 （克）	飽和脂肪 （克）	碳水化合物 （克）	糖 （克）	鈉 （毫克）
212	6.7	3.6	0.7	38.5	0	74.8

維生素 B12 （微克）
3.6

點心 　難易度 | ★★　烹調時間 | **90** 分鐘

2 紫米糕

材料

黑糯米	120 克
黑糯米粉	40 克
無調味壽司海苔片	6 克（約 6 片）
營養酵母粉	3 克
香菜	3 克

調味料

苦茶油	1 茶匙
鹽	1/8 茶匙
白胡椒粉	1/8 茶匙

作法

1 黑糯米洗淨，加水浸泡 1 小時以上；香菜洗淨、瀝乾水分、撕小片，備用。

2 準備 120 克的水，壽司海苔片用手撕成小片狀，放入水中，將海苔水放入果汁機或調理機中，攪打至均勻混合，倒入大湯碗中。

3 加入苦茶油、鹽、白胡椒粉混合均勻，再放入黑糯米粉攪拌均勻。

4 黑糯米瀝乾水分，放入作法 **3** 攪拌混合均勻。

5 取長型玻璃保鮮盒，鋪上烘焙紙，倒入作法 **4** 的食材，移入電鍋中（外鍋放 2 杯的水），按下開關鍵，蒸約 40 ～ 50 分鐘。

6 將蒸熟的紫米糕取出，放置在室溫中待涼（約 30 分鐘），再脫模，切成 6 等份，擺入長盤中，再均勻鋪上營養酵母粉、香菜，即可食用。

醬料　難易度│★　　烹調時間│ **5 ～ 10** 分鐘

3 香菇海苔醬

材料
乾香菇 .... 5 朵（約 15 克）
紫菜 .... 4 張（1 張約 2.6 克）

調味料
醬油 .... 2 茶匙
黑糖蜜 .... 1 茶匙
油 .... 1 茶匙

作法

1 乾香菇泡水至軟，切末；紫菜切末，泡水至軟。

2 取炒鍋，倒入少許油加熱，加入香菇，以中小火炒熟。

3 再放入泡軟的紫菜、醬油、黑糖蜜，以小火慢燜約 10 ～ 15 分鐘，放入調理機攪打成泥狀，即成香菇海苔醬。

4 裝入已消毒的玻璃罐，放涼，加蓋密封，再放置冰箱冷藏儲存，隨時可取用。

【營養成分分析】每一份量 200 克，本食譜含 1 份

熱量（大卡）	蛋白質（克）	脂肪（克）	飽和脂肪（克）	碳水化合物（克）	糖（克）	鈉（毫克）
128	5.8	5.3	0.6	21.3	3.6	555

營養不流失，營養師這樣說——

大海中的植物，如：海苔（紫菜）、海藻、海帶等均含有豐富的礦物質、維生素，此次使用常見的紫菜（無調味壽司海苔片），搭配香菇中所含的多醣體，製作方便醬，隨時可取出食用，美味營養又健康。

營養不流失，營養師這樣說——

純素食飲食中適量的攝取營養酵母粉，可以獲得維生素 B12
的營養素，天貝含有豐富的蛋白質，二者加在一起享用，對
於紅血球的生成很有幫助。

【營養成分分析】每一份量 195 克，本食譜含 3 份

熱量 （大卡）	蛋白質 （克）	脂肪 （克）	飽和脂肪 （克）	碳水化合物 （克）	糖 （克）	鈉 （毫克）
156	9.5	8.5	1.4	14.0	1.1	79.0

維生素 B12 （微克）
2.6

配菜 　難易度｜★★★★★　　烹調時間｜**90** 分鐘

4 青龍辣椒鑲天貝

材料

青龍辣椒（皺皮為佳）	200 克
天貝	100 克
鴻喜菇	50 克
營養酵母粉	5 克
橄欖油	15 毫升
番茄	200 克
椰棗	15 克

調味料

咖哩粉	5 克
鹽	0.5 克

作法

1 青龍辣椒洗乾淨，用食物剪刀修除蒂頭，再用吸管去除辣椒內囊、辣椒籽，處理乾淨後，再清洗一次，去除殘留的辣椒籽。

2 取食物調理機，放入切小塊的天貝、切小段的鴻喜菇、咖哩粉、營養酵母粉、橄欖油 5 毫升，攪打成泥狀，裝入塑膠袋中，即成天貝泥。

3 在作法 2 塑膠袋的下角處，用剪刀減一個小洞口，再將天貝泥鑲入青龍辣椒裡面，依序全部完成。

4 番茄、椰棗放入食物調理機攪打成泥狀，備用。

5 取炒鍋加熱，倒入橄欖油 10 毫升，放入作法 3 以中小火慢煎（煎到青辣椒每面都呈現褐色虎皮狀）。

6 加入作法 4、水 50 毫升，以中小火煮至水分收乾（醬汁濃稠），放入鹽調味，即可食用。

5 葵瓜子小窩窩頭

材料

濃豆漿	80 毫升
玉米麵粉（細玉米碎粒）	50 克
熟葵瓜子	40 克
去籽紅棗	12 粒
溫水	5～10 毫升

作法

1 濃豆漿隔水加熱，趁熱沖入玉米麵粉，攪拌均勻，靜置待涼；熟葵瓜子切碎，備用。

2 熟葵瓜子放入調理機打細，加入作法 **1** 及溫水揉勻，即成玉米麵糰。

3 將玉米麵糰分成 12 等份，分別搓成圓型，接著在小麵糰的中間戳洞，塞入紅棗，移入的蒸籠中（水已煮沸），以大火蒸約 10 分鐘至熟，即可取出食用。

※ 1. 也可以使用生葵瓜子，用乾鍋小火炒熟後風味較佳。
　 2. 可使用葡萄乾或蔓越莓等果乾取代紅棗。

【營養成分分析】每一份量 45 克，本食譜含 4 份

熱量（大卡）	蛋白質（克）	脂肪（克）	飽和脂肪（克）	碳水化合物（克）	糖（克）	鈉（毫克）	維生素 E（微克）
124	4.6	6.1	0.7	14.0	0	114	4.9

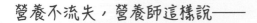

營養不流失，營養師這樣說──

玉米碎粒是使用乾燥的玉米磨成粉製成，根據粗細不同有區分為：Grits 玉米粉（cornmeal）、玉米麵粉（corn flour）等不同的名稱，是義大利北方代表性的玉米糕（Polenta），美國南方玉米糊等的原料，北方小館的小米粥也會用到，和市面上西點或勾芡用的玉米粉（Corn starch 玉米澱粉）不同；玉米碎粒口感粗糙，添加葵瓜子可增加適口度；葵瓜子的維生素 E 含量，是所有堅果種子類最高的；紅棗有天然甜味，可以取代精製糖的使用。

料理時加入植物油烹調，可以幫助食物中的維生素 E 吸收，
維生素 E 是很強的抗氧化脂溶性維生素。

【營養成分分析】每一份量 236 克，本食譜含 2 份

熱量 （大卡）	蛋白質 （克）	脂肪 （克）	飽和脂肪 （克）	碳水化合物 （克）	糖 （克）	鈉 （毫克）	維生素 E （毫克）
342	10.9	15.0	2.4	43.4	14.6	946.4	5.3

主食 難易度 | ★★★★　烹調時間 | **30** 分鐘

6 日式漢堡排

材料

南瓜	80 克
板豆腐	120 克
核桃	15 克
胡蘿蔔	25 克
全麥麵粉	40 克

調味料

漢堡排調味		漢堡排淋醬	
鹽	1 克	水	6 大匙
白胡椒粉	1 克	醬油	2 大匙
		紅砂糖	1 大匙
		味醂	1 大匙
		蓮藕粉	1 茶匙

作法

淋醬

1 將水 3 大匙、醬油、紅砂糖及味醂混合均勻，放入湯鍋中煮沸。

2 加入蓮藕粉水（蓮藕粉＋水 6 大匙拌勻），以中小火勾芡，即成淋醬。

漢堡排

1 食材全部洗淨。南瓜切小塊；胡蘿蔔去皮和核桃，切小碎狀。

2 板豆腐用濾網，去除水分，備用。

3 將南瓜、胡蘿蔔移入電鍋蒸熟（外鍋水 2 杯）取出，壓成泥，與板豆腐泥、核桃混合均勻，再加入鹽、白胡椒調味。

4 桌面撒點全麥麵粉當手粉，再將作法 3 的食材，捏成圓餅狀，依序全部完成，即成漢堡排。

5 取平底鍋，倒入橄欖油加熱，再放入漢堡排，以小火慢煎至表面上色，倒入淋醬，即可盛盤食用。

7 炙燒椒饗曲握壽司

材料

熟糙米飯	120 克
燙熟板豆腐	40 克
紅甜椒	60 克
胡蘿蔔	10 克

調味料

壽司醋	10 毫升
素食昆布醬油	10 毫升
芥末	5 克（可不加）
沙拉油	5 毫升
鹽	1 克

作法

1 將熟糙米飯、板豆腐及壽司醋放入容器中拌勻，捏成壽司狀備用。

2 紅甜椒洗淨，去籽，切片，放入烤箱（預熱 200 度），烤約 15 ～ 20 分（不用到軟爛），再取出，剝除表皮。

3 胡蘿蔔切成泥狀，放入炒鍋加沙拉油炒至軟爛，加入鹽調味，備用。

4 將剝好皮的紅甜椒，放在作法 1 上面後，再用炒好的胡蘿蔔、芥末（可依個人喜好添加）點綴，可沾素食昆布醬油食用，即可食用。

【營養成分分析】每一份量 145 克，本食譜含 1 份

熱量（大卡）	蛋白質（克）	脂肪（克）	飽和脂肪（克）	碳水化合物（克）	糖（克）	鈉（毫克）	鈣（毫克）
270	8.0	7.6	1.5	43.5	0.7	725	67.0

營養不流失，營養師這樣說——

日常飲食中足夠的鈣質可以促進骨骼生長、強健及預防骨質
疏鬆症的發生。高鈣的常見食物，例如豆腐、豆乾、豆皮等
豆製品。

《卷三》 淨心無憂 好安眠

　　醫學研究發現，睡眠對人類健康扮演著舉足輕重的角色，沒有好的睡眠品質，就算是注重運動和營養，效果也會減半。

　　臺灣人失眠的比率居亞洲之冠，平均每五個人就有一位失眠，且失眠比率隨著年齡而上升。人體需要定期保養，才能延長保固，隨著年紀增長，顧好睡眠，就像每天定期的小保養。

　　心中有佛，行中有法；淨心第一，利他為上。該吃飯的時候吃飯，睡覺的時候睡好，就是最好的修行。

　　保持好心情，不胡亂生氣，不憂鬱，睡得好，人慢老，身心更健康。

| 睡眠品質 |

　　睡眠佔據每個人的生命三分之一的時間，根據臺灣睡眠醫學學會 2019 年的調查發現，全臺灣慢性失眠症盛行率為 10.7％，亦即全臺灣約有十分之一人口受慢性失眠症所困擾。飲食，是決定睡眠品質的其中一環。

　　舉例來說，高脂和油炸食物需要較長時間才能消化，如果在睡覺前吃高脂油炸的宵夜，容易腸胃不適，干擾睡眠；甜食飲料等富含單糖的食物，則會讓血糖快速上升，促使體內分泌胰島素控制調降血糖，血糖波動過大，也會讓入睡困難。

　　此外，進食後約需 2 ～ 3 小時胃才能完成消化，當進食量過大又躺下休息時，易導致胃食道逆流，也會睡不好。因此，進食的時間、種類和份量需掌握好，才能有良好的睡眠品質。

　　富含「色胺酸」（Tryptophan）、Omega-3 脂肪酸、維生素 B6、維生素 C、維生素 D、鈣、鎂、鉀、葉酸等營養素的食物，各有不同的助眠效果。

　　「色胺酸」是人體必須胺基酸的一種，當它輸送到腦部，就能成為血清素的原料，血清素可說是快樂激素，能減少神經活動，舒緩情緒，讓人放鬆，睡得安穩。但色胺酸只能透過食物攝取，含有色胺酸的食物包含豆類、牛奶、優格、雞蛋、香蕉、各類堅果（如腰果、核桃、葵瓜子、開心果）等，上述這些屬於植物性的蛋白質，含有纖維、脂肪低，不會造成腸胃過度運作的負擔；

如果吃動物性的蛋白質，脂肪量高，腸胃需要花相對多的時間去消化分解，就會覺得不好入睡。

鎂、鈣、硒、鉀，對身體來說是缺一不可的營養素。

含有色胺酸的助眠食物

▲ 腰果　　　▲ 核桃　　　▲ 葵瓜子　　　▲ 開心果

鎂、鈣、硒、鉀是改善睡眠障礙不可或缺的營養素

鎂
黑巧克力、牛蒡、
小麥胚芽、胡桃
鎂離子能夠有效穩定情緒、
消除焦慮緊張，
並且放鬆身體肌肉，
以及放鬆腦神經

鈣
黑芝麻、牛奶、
板豆腐、芥蘭菜
同樣具有神經傳遞、
穩定情緒的作用，
有助安定神經，
改善睡眠障礙

鉀
香蕉、菠菜、
奇異果、胡蘿蔔
可改善睡眠中斷困擾

硒
巴西堅果、南瓜、木耳、菇類
有助於提升新陳代謝能力、
促進褪黑激素的形成

鎂離子	作用 ➡ 能夠有效穩定情緒、消除焦慮緊張，並且放鬆身體肌肉，以及放鬆腦神經，能夠進入深層睡眠模式，提高睡眠品質。
	缺乏鎂離子 ➡ 神經細胞容易敏感、興奮，導致入睡困難。
	含鎂的食物 ➡ 黑巧克力、牛蒡、小麥胚芽、胡桃、芝麻、腰果、杏仁、黑豆、黃豆、深綠色蔬菜、全穀類、酪梨等食物。

鈣	作用 ➡ 同樣具有神經傳遞、穩定情緒的作用，有助安定神經，改善睡眠障礙。
	缺乏鈣 ➡ 會讓神經細胞過度興奮，難以進入深層睡眠、夜間容易腿抽筋、皮膚粗糙暗沉、長濕疹。
	含鈣的食物 ➡ 鈣離子則存在奶類、海帶、芝麻、豆干（千絲）板豆腐、芥蘭菜等及青仁黑豆等食物中。

硒	作用 ➡ 有助於提升新陳代謝能力、促進褪黑激素的形成，提升睡眠品質。
	缺乏硒 ➡ 硒的缺乏大多與心臟與肌肉方面的病變有關，適量補充後，症狀可以獲得緩解。
	含硒的食物 ➡ 飲食中巴西堅果、木耳、菇類、全麥麵包、菠菜、南瓜子、雞蛋、起司都能看到硒的蹤跡。

鉀	作用 ➡ 則存於各種蔬菜水果，1991 年《睡眠》醫學期刊建議，適量補充礦物質鉀或可改善睡眠中斷困擾。
	缺乏鉀 ➡ 鉀離子缺乏可能會出現沒有食欲、肌肉痙攣，嚴重可能導致心律不整等問題。
	含鉀的食物 ➡ 香蕉、菠菜、奇異果、胡蘿蔔等食物中。

維生素 D	作用 ➡	可以調節鈣質的吸收及骨質釋放鈣離子，以維持血鈣濃度的平衡，協助神經傳導、維持肌肉的生理作用等，對於內分泌調整、情緒、腦部、神經系統的健康等皆有幫助。
	缺乏維生素 D ➡	維生素 D 攝取或生合成不足，則會使鈣的吸收降低，甚至影響對內分泌等系統的調整及骨骼的生長發育。
	含維生素 D 的食物 ➡	除了日照身體合成、營養品補充外，經過日照的蕈菇類也有維生素 D 的存在。

　　小番茄、檸檬、奇異果等食物裡，則富含有「抗壓力維他命」——維生素 C，可幫助身體製造對抗壓力的副腎上皮質素荷爾蒙。

富含有「抗壓力維他命」——維生素 C

▲ 小番茄

▲ 檸檬

▲ 奇異果

　　簡單的說，透過選擇優質植物蛋白，搭配全穀雜糧、深綠色蔬菜、水果及堅果，有助於大腦的運作與修復及腸道的保健，吃得好、吃得對，就能睡得好。

▲ 義式涼拌番茄（詳見第 196 頁）。

營養不流失，營養師這樣說——

菠菜中含有草酸，容易影響鈣與鎂的吸收率，但菠菜經過汆燙處理後，可使草酸溶於水中，降低菠菜中的草酸含量，進而減少草酸對鈣、鎂吸收率的影響。

難易度 | ★★★　　**烹調時間** | **40** 分鐘

1 法式波菜濃湯

材料
馬鈴薯	150 克
菠菜	210 克
無糖豆漿	300 毫升

調味料
鹽	1 茶匙
白胡椒粉	1/2 茶匙

作法

1 馬鈴薯洗淨、去皮、切塊，蒸熟；菠菜洗淨、切段，汆燙，撈起，備用。

2 將馬鈴薯、菠菜放入調理機（或果汁機）攪打均勻，倒入湯鍋。

3 加入無糖豆漿，以小火烹調、一邊攪拌均勻（可依個人口味加水調整濃稠度），再放入鹽、白胡椒粉調味，即可起鍋食用。

【營養成分分析】每一份量 200 克，本食譜含 3 份

熱量（大卡）	蛋白質（克）	脂肪（克）	飽和脂肪（克）	碳水化合物（克）	糖（克）	鈉（毫克）	鎂（毫克）
81	6.5	2.3	0.5	10.6	0.4	687	77.6

2 義式涼拌番茄

材料		
聖女小番茄	50 克
乾燥羅勒	2 克

調味料		
蘋果醋	2 茶匙
橄欖油	1 茶匙
鹽	1/3 茶匙

作法

1 小番茄洗淨，放入滾水中
　汆燙 30 秒，撈起，移入
　冷水中降溫後，再剝皮，
　備用。

2 將剝好皮的小番茄、羅勒
　（可用九層塔代替）、全
　部的調味料放入容器中拌
　勻，即可食用。

【營養成分分析】

每一份量 67 克，本食譜含 1 份

熱量 （大卡）	蛋白質 （克）	脂肪 （克）
61	0.6	5.3

飽和脂肪 （克）	碳水化合物 （克）
0.8	3.5

糖 （克）	鈉 （毫克）	維生素C （毫克）
0	694	25.0

營養不流失，營養師這樣說——

番茄富含維生素 C，但屬於水溶性維生素，若使用水煮建議
時間不要過長（大於 5 分鐘）容易流失維生素 C，建議採涼
拌方式食用。

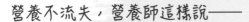

營養不流失，營養師這樣說——

綠色蔬菜富含維生素 A、B 群與膳食纖維，水果富含維生素
C 及礦物質，再搭配富含脂肪性維生素的堅果種子類，可謂
是富含滿滿營養素的飲品。

 飲品　難易度｜ ★ 　烹調時間｜ **15** 分鐘

3 綠拿鐵

材料

青江菜	25 克
蘿蔓生菜	25 克
蘋果	25 克（約 1/4 顆）
柳橙	25 克（約 1/3 顆）
豆漿粉	15 克
腰果	15 克
冰塊	6～8 塊
冰開水	100～150 毫升

調味料

蜂蜜 ⋯⋯⋯⋯⋯ 1 茶匙

作法

1. 青江菜、蘿蔓生菜分別洗淨，切段（約 5～6 公分）；蘋果洗淨，去皮，切塊；柳橙洗淨，去皮及去籽，備用。

2. 準備一鍋水煮沸，放入青江菜、蘿蔓生菜汆燙約 1 分鐘，撈起。

3. 將汆燙過的青江菜、蘿蔓生菜、蘋果、柳橙、豆漿粉、腰果、冰塊、蜂蜜放入果汁機中，再倒入冰開水，最後啟動果汁機攪打均勻，倒入杯中，即可食用。

【營養成分分析】每一份量 270 克，本食譜含 1 份

熱量 （大卡）	蛋白質 （克）	脂肪 （克）	飽和脂肪 （克）	碳水化合物 （克）	糖 （克）	鈉 （毫克）	維生素C （毫克）
188	8.6	9.4	2.0	21.7	4.0	22.9	25.0

4 涼拌海帶干絲

材料

海帶絲	100 克
白干絲	100 克
薑絲	20 克
辣椒絲	5 克
白芝麻	5 克

調味料

芝麻油	1 大匙
醬油	2 茶匙
紅糖	1 茶匙
白醋	2 茶匙

作法

1 海帶絲洗淨，放入滾水中汆燙 3 分鐘，撈起，瀝乾水分，放入容器中，備用。

2 再放入已洗淨的白干絲、薑絲、辣椒絲汆燙 1 分鐘，撈起，瀝乾水分，放入作法 1 中，備用。

3 將全部的調味料放入容器中拌勻，放入作法 2（辣度可自行調整）拌勻，撒上白芝麻，即可食用。

【營養成分分析】每一份量 135 克，本食譜含 2 份

熱量（大卡）	蛋白質（克）	脂肪（克）	飽和脂肪（克）	碳水化合物（克）	糖（克）	鈉（毫克）	鈣（毫克）
190	10.5	13.4	2.2	9.5	2.6	602	174

營養不流失，營養師這樣說——

鈣質密度高的乳品類每克含有 1 毫克的鈣，本食譜使用的
高鈣食物（白干絲及白芝麻）做成，每克則含有 1.3 毫克的
鈣。另外，建議攝取高鈣食物時，應減少與高草酸蔬菜（菠
菜、芹菜）共同食用，以免影響鈣質的吸收。

營養不流失，營養師這樣說——

硒是人體內重要的抗氧化物質，搭配富含維生素 E 的食物
（酪梨、橄欖油）一起攝取能提高吸收率。

【營養成分分析】每一份量 257 克，本食譜含 2 份

熱量 （大卡）	蛋白質 （克）	脂肪 （克）	飽和脂肪 （克）	碳水化合物 （克）	糖 （克）	鈉 （毫克）	硒 （微克）	維生素 E （毫克）
143	3.4	9.9	1.9	13.1	4.7	246	28.8	2.9

難易度｜★★★　　烹調時間｜ **20** 分鐘

5 墨西哥辣椒番茄湯

材料

大番茄	150 克（**2** 顆）
小黃瓜	70 克（**1** 根）
酪梨	50 克
巴西堅果	1 粒
紅辣椒	1 小條（依辣度自行調整）
橄欖油	1 大匙

調味料

檸檬	60 克（半顆）
淨斯茄汁湯	1 包
熱水	150 毫升

作法

1 全部的食材洗淨。番茄取 1 顆切小丁，1 顆切塊；小黃瓜取半條切小丁；半條切塊；酪梨去皮，切塊；檸檬擠汁；紅辣椒及巴西堅果切碎，備用。

2 淨斯茄汁湯倒入容器中，加入熱水 150 毫升沖泡，即成茄汁湯，備用。

3 番茄塊、小黃瓜塊及酪梨塊放入果汁機攪打均勻，即成番茄糊，取出，備用。

4 取炒鍋，倒入橄欖油，放入番茄丁、小黃瓜丁，以中火拌炒。

5 加入 作法 **3** 的番茄糊、紅辣椒、茄汁湯及檸檬汁調味，即可盛盤，再撒上巴西堅果，即可食用。

※ 紅辣椒也可以取用墨西哥辣椒變化風味。

主食　難易度｜★★★　烹調時間｜40 分鐘

6 鮮菇味噌炊飯

材料

糙米	2 杯（約 350 克）
胡蘿蔔	50 克
鴻喜菇	半包（約 50 克）
乾香菇	20 克
大豆油	5 克

調味料

味噌	（約 30 克）
鹽	2 克

作法

1 糙米洗淨，浸泡半天（4～6 小時），瀝乾水分，備用。

2 胡蘿蔔洗淨，去皮，切絲；鴻喜菇撥開；乾香菇洗淨，泡水至軟，切絲。

3 取炒鍋倒入大豆油，依序放入胡蘿蔔絲、鴻喜菇及香菇，以中火炒熟，加入鹽調味後，盛起，備用。

4 糙米放入電鍋內鍋中，倒入水 2 杯（糙米與水比例是 1：1），再放入味噌水（先加少許的水調勻）。

5 將炒好的作法 3 鋪在糙米上面，移入電鍋中蒸煮約 40 分鐘（外鍋水約 1.5 杯），煮至開關跳起，即可食用。

【營養成分分析】每一份量 200 克，本食譜含 3 份

熱量（大卡）	蛋白質（克）	脂肪（克）	飽和脂肪（克）	碳水化合物（克）	糖（克）	鈉（毫克）	維生素 D（微克）
474	11.5	3.1	0.6	101	3.5	660	70.0

營養不流失，營養師這樣說——

味噌為日本傳統調味料，主要由大豆發酵而成，
富含大豆異黃酮、胺基酸以及在發酵後會產生
豐富的維生素 K。此道將味噌利用蒸煮方式
料理，可盡量減少食材維生素 K 的流失。

營養不流失，營養師這樣說——

長豆炒茄子其實是一道端午節節慶料裡，有一句端午節的俗諺：「食茄吃到會搖，吃豆吃到老老。」意指這道菜會讓您健康長壽。茄子富含的花青素在酸性的環境中較穩定，所以茄子在炒之前淋一點醋或檸檬汁，炒後仍能保持鮮豔的顏色，較不會變得黑黑醜醜的。

 配菜　難易度｜★　烹調時間｜**5**分鐘

7 長豆炒茄子

材料

茄子	160 克
長豆	150 克
胡蘿蔔絲	30 克
檸檬汁	2 毫升
植物油	15 毫升

調味料

鹽	3 克

作法

1 茄子洗淨，切除蒂頭，切滾刀狀，再淋入檸檬汁拌勻（防變色），備用。

2 長豆洗淨，切長段（約 5 公分）；胡蘿蔔切片，切絲（約 5 公分）。

3 取炒鍋，放入植物油加熱，加入長豆、胡蘿蔔絲，以中火拌炒。

4 放入茄子快炒，加入鹽調味拌勻，即可盛出食用。

【營養成分分析】每一份量 120 克，本食譜含 3 份

熱量（大卡）	蛋白質（克）	脂肪（克）	飽和脂肪（克）	碳水化合物（克）	糖（克）	鈉（毫克）	鎂（毫克）
84	2.5	5.2	0.9	9.1	1.7	354	25.0

| 好心情、抗憂鬱 |

以營養的觀點來看，保有好心情，讓人不陷入憂鬱的生理狀態是身體機能運作順暢，可合成足夠的神經傳導物質——血清素，飲食中攝取足夠營養素讓細胞正常代謝，當營養素在體內呈現富裕的狀況，身體細胞吃飽飽，活力滿滿；大腦運作正常思緒清楚，荷爾蒙濃度平衡不忽高忽低，神經傳導物質足夠，就不容易情緒低落、提不起勁、抗壓力差，甚至是失眠和憂鬱、焦慮。所以攝取正能量的食物，營養素足夠又美味，讓身體呈現正能量是很有幫助的。

「椰奶巧克力堅果慕斯」甜點含有足夠的卡路里，且有助身心寬暢；巧克力含有的可可多酚，有助於腸道菌叢平衡，且添加杏仁果含有豐富的維生素 E（又被稱為「脂肪的保護者」），面對生活中的壓力，像是睡眠不足、工作壓力大、人際關係等，都能增加身體的氧化程度，維生素 E、維生素 C 及植物多酚都可提升抗氧化能力，讓身體抵抗壓力，維持良好機能。

▲ 椰奶巧克力堅果慕斯（詳見第 213 頁）。

好心情、抗憂鬱

　　另外，堅果富含人體易缺乏的礦物質，如鎂、鋅，都有助於活化身體的細胞機能。

　　「義式燉飯」是超人氣的主食，可攝取到多樣的胺基酸（**色胺酸、麩醯胺酸、苯丙胺酸**）及維生素 B 群。食譜中的營養酵母粉含有維生素 B12 是適合人體吸收。維生素 B12 可以幫助身體合成製作血清素、多巴胺及正腎上腺素，這些神經傳導物質在實證研究上都有抗憂鬱的功效。

　　「蕉香五穀煎餅」食材中的五穀粉及「甜在心炒飯」食材中的糙米，都是「低升糖指數」的好澱粉。澱粉在腸胃道消化分解後變成葡萄糖，因為需要經過消化吸收，所以升高血糖的過程可以緩慢而穩定，稱為「低升糖」。

▲ 義式燉飯（詳見第 214 頁）。

▲ 蕉香五穀煎餅（詳見第 217 頁）。

醣類是身體能量的來源，分解後的葡萄糖更是我們大腦唯一使用的能量，**低升糖食物讓大腦持續有吃八分飽的感覺，思緒清晰、維持好心情。**

常常聽到很多人肚子餓就容易生氣，應該是血糖太低、身體沒有能量，大腦吃不飽而生氣了。但是如果吃「精緻糖」食物，身體吃得過飽，反向會產生 sugar high（糖分過度攝取）而情緒過分高亢的狀態，像是坐雲霄飛車一樣，過於興奮之後的低潮，會讓人更沮喪。吃好的澱粉——低升糖的原型食物，可以幫助我們擁有穩定的情緒。

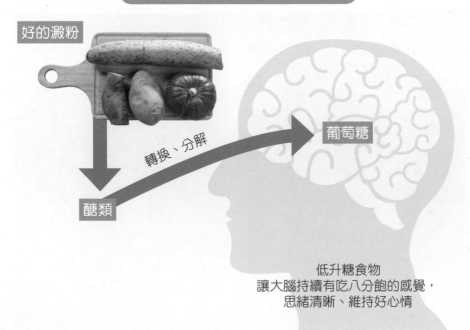

葡萄糖是大腦唯一使用的能量

好的澱粉

轉換、分解

葡萄糖

醣類

低升糖食物
讓大腦持續有吃八分飽的感覺，
思緒清晰、維持好心情

　　低升糖指數飲食（簡稱低 GI 飲食）是具有學理依據和臨床基礎的，以臨床實驗結果為基礎，依據不同食物對血糖造成的起伏情況，歸納出飲食健康指南。許多的醫學研究發現低升糖指數對於糖尿病的預防及控制心血管疾病、代謝症候群有相關性，且醫學研究指出實踐低 GI 飲食，不僅可以減重，提升健康力，還能降血糖，減少心血管疾病，且有助於提高學習與記憶力。

　　「涼拌青木瓜」及「美式烤食蔬」設計了分量很足的低熱量蔬菜，豐富與美味兼具，穩定血糖、幫助體內攝取足夠維生素 C、維生素 B 群，卡路里、胺基酸都足夠的情況下，順暢無阻的製成血清素、多巴胺，感覺可以吃很多，不發胖，又心情好。

▲ 涼拌青木瓜（詳見第 221 頁）。　　▲ 美式烤食蔬（詳見第 222 頁）。

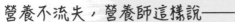
營養不流失，營養師這樣說——

杏仁果富含維生素 E 是強大的抗氧化物質，與富含脂質的
黑巧克力和椰漿一起攝取，可增加吸收率，一份椰奶巧克力
堅果慕斯，維生素 E 的攝取量，可達三分之一的國人膳食
營養素參考攝取量。

好心情、抗憂鬱

 點心　難易度｜★★　烹調時間｜**90**分鐘

1椰奶巧克力堅果慕斯

材料

杏仁果	20 克（約 15 顆）
85% 黑巧克力片	100 克
椰漿	180 克

作法

1 杏仁果先挑出 6 顆，其餘的杏仁果，放入調理機（或果汁機）打碎後，倒入椰漿混合均勻。

2 黑巧克力片隔水加熱後，緩慢並分次倒入作法 **1** 的椰漿，並用打蛋器輕輕攪拌混合均勻，即成巧克力椰漿。

3 將混合好的巧克力椰漿分成 3 等份，倒入容器中，放入冰箱冷藏室 1 小時，再取出，上面置放杏仁果，即可食用。

【營養成分分析】每一份量 120 克，本食譜含 3 份

熱量（大卡）	蛋白質（克）	脂肪（克）	飽和脂肪（克）	碳水化合物（克）	糖（克）	鈉（毫克）
357	5.7	32.6	23.0	14.4	5.0	15.9

維生素 E 總量（毫克）	α- 維生素 E 當量（毫克）
4.3	2.0

2 義式燉飯

材料

糙米	150 克
花椰菜	150 克
鴻喜菇	110 克
秀珍菇	100 克

白醬材料

無糖豆漿	290 毫升
板豆腐	300 克（約 1 小盒）
杏仁果	21 克
營養酵母粉	15 克
義大利香料	1 大匙
鹽	1/2 茶匙

調味料

苦茶油	1 茶匙
黑胡椒粒	1/4 茶匙

作法

1 糙米先浸泡 30 分鐘，加入水約 230 毫升（糙米與水比例 1：1.5），再移入電鍋煮熟（外鍋水 1 杯）。

2 **白醬：**豆漿、板豆腐、杏仁果放入調理機攪打成泥，倒入湯鍋中，以小火煮 5 ～ 10 分鐘，加入營養酵母粉、義大利香料、鹽迅速攪拌均勻，熄火，即成。

3 花椰菜洗淨、切小朵、燙熟；鴻喜菇去蒂頭、洗淨、切小塊；秀珍菇洗淨、切小塊，備用。

4 取炒鍋，倒入苦茶油加熱，放入鴻喜菇、秀珍菇炒至半熟，加入糙米、花椰菜稍微拌炒。

5 加入白醬攪拌均勻，熄火，再將燉飯分成三份，盛入容器中，撒上黑胡椒粒，即可食用。

營養不流失，營養師這樣說——

油質高溫加熱後，容易變質產生過氧化物與自由基，對人體
產生傷害，此道料理利用小火烹調，可避免油脂變質裂解，
並最大程度保留食物的營養素。

【營養成分分析】每一份量 390 克，本食譜含 3 份

熱量 （大卡）	蛋白質 （克）	脂肪 （克）	飽和脂肪 （克）	碳水化合 物（克）	糖 （克）	鈉 （毫克）	維生素 B1 （毫克）
412	23.4	12.0	2.2	55.8	3.0	340	3.5

維生素 B2 （毫克）	維生素 B3 （毫克）	維生素 B6 （毫克）	維生素 B12 （微克）	葉酸 （微克）
3.5	24.0	3.9	7.6	279

營養不流失，營養師這樣說——

香蕉具有豐富的鎂含量，建議以小火煎煮，可減少鎂離子及
其他維生素的流失。

點心　難易度｜★★　烹調時間｜**20** 分鐘

3 蕉香五穀煎餅

好心情、抗憂鬱

材料

五穀粉	35 克
可可粉	5 克
燕麥奶	15 毫升
香蕉	半根（15 克）

調味料

橄欖油	8 毫升
楓糖漿	2 毫升

作法

1 五穀粉、可可粉用細目濾網過篩；香蕉剝外皮，用攪拌器打成泥。

2 五穀粉、可可粉、燕麥奶、香蕉泥放入容器中，攪拌均勻，即成麵糊。

3 取平底鍋，加入橄欖油熱鍋，放入適量的麵糊，以中火煎到表面有冒泡。

4 再翻面，煎至兩面熟，依序全部完成，即可盛盤，淋上楓糖漿（可依個人口味添加），即可食用。

【營養成分分析】每一份量 78 克，本食譜含 1 份

熱量（大卡）	蛋白質（克）	脂肪（克）	飽和脂肪（克）	碳水化合物（克）	糖（克）	鈉（毫克）	鎂（毫克）
232	4.5	10.3	2.3	32.2	3.6	4.1	68.3

4 甜在心炒飯

材料

糙米（熟）	320 克
甜菜根	100 克
豆包	1 塊（**35** 克）
新鮮香菇	1 朵（**1** 克）
芹菜	25 克
橄欖油	8 毫升

調味料

鹽	2 克
白胡椒粉	2 克

作法

1 豆包切絲；新鮮香菇切絲；芹菜洗淨，切絲，備用。

2 甜菜根洗淨，去皮，放入果汁機攪碎，過濾，取甜菜渣，備用。

3 取炒鍋，倒入橄欖油加熱，放入豆包絲、香菇絲、芹菜絲，以小火拌炒 3 分鐘。

4 放入熟糙米一起拌炒，再加入甜菜渣，待完全上色後，再放入鹽、白胡椒粉拌勻，即可食用。

【營養成分分析】每一份量 450 克，本食譜含 l 份

熱量 （大卡）	蛋白質 （克）	脂肪 （克）	飽和脂肪 （克）	碳水化合物 （克）	糖 （克）	鈉 （毫克）
441	16.9	13.9	2.3	64.0	0	770

維生素 A （IU）
1626

好心情、抗憂鬱

營養不流失，營養師這樣說──

甜菜根含有豐富的維生素A、維生素C、鈣及鐵，用榨汁機榨好，取渣，剩下甜菜根汁，可另加入其他水果做成蔬果汁（如鳳梨、蘋果等），水果富含維生素C可以促進鐵吸收，讓營養不浪費。

營養不流失，營養師這樣說——

青木瓜富含木瓜酵素、維生素C，但木瓜酵素與維生素C，在高溫下容易被破壞流失，透過涼拌生食的方式，可避免營養素流失。

魚露是東南亞料理常用的調味料，但其鈉含量較高且為葷食，使用米醋及醬油1：1的比例取代，即可以降低三成的鈉攝取量，風味也不減。

好心情、抗憂鬱

 配菜　難易度｜ ★ 　烹調時間｜ **30** 分鐘

5 涼拌青木瓜

材料

青木瓜	90 克
胡蘿蔔	30 克
小番茄	20 克（約 3 顆）
檸檬	40 克（約 0.5 顆）
香菜	2 克
辣椒片	3 克

調味料

米醋	1 大匙
醬油	1 大匙

作法

1 青木瓜洗淨、去皮、去籽、刨絲；胡蘿蔔洗淨、去皮、刨絲，與青木瓜一起裝入容器中，備用。

2 小番茄洗淨、切對半；檸檬洗淨、榨汁；香菜洗淨、摘取葉子、切末，備用。

3 檸檬汁、香菜、辣椒片、米醋、醬油放入容器中混合均勻，淋在作法 1。

4 再將小番茄擺入作法 3 的食材上面，即可食用。

【營養成分分析】每一份量 50 克，本食譜含 2 份

熱量 （大卡）	蛋白質 （克）	脂肪 （克）	飽和脂肪 （克）	碳水化合物 （克）	糖 （克）	鈉 （毫克）
34	1.4	0.3	0.1	8.2	2.9	390

配菜　難易度│★★★　烹調時間│ **40** 分鐘

6 美式烤時蔬

材料

綠花椰	250 克（1 朵）
綠蘆筍	100 克
黃甜椒	100 克（半顆）
小番茄	100 克

調味料

橄欖油	1 大匙（15 克）
迷迭香	1 茶匙
紅椒粉	1 茶匙
黑胡椒粒	1/2 茶匙

作法

1 食材分別洗淨。將烤箱預熱至上下火 200℃。

2 綠花椰、綠蘆筍、黃甜椒（*去除蒂頭與籽*）、小番茄，分切小塊成適口大小。

3 所有的材料放入鋼盆中，加入全部的調味料攪拌均勻。

4 再將作法 3 鋪平至烤盤上面，放入預熱好的烤箱烘烤至蔬菜軟化熟透（*設定 200 度，烤約 25 ～ 30 分鐘*），即可取出食用。

【營養成分分析】每一份量 170 克，本食譜含 3 份

熱量 （大卡）	蛋白質 （克）	脂肪 （克）	飽和脂肪 （克）	碳水化合物 （克）	糖 （克）	鈉 （毫克）	維生素 K （微克）
95.0	4.8	5.8	1.1	10.4	1.5	17.7	35.9

營養不流失 ── 營養師這樣說 ──

透過保留蔬果的外皮一起烹調，可以攝取到更多的營養素。
另外，加點油脂可幫助脂溶性維生素 K 的吸收。

Family健康飲食 HD5054

全植物飲食醫學與營養健康大關鍵【美味食譜篇】

作　　者／花蓮慈濟醫學中心營養團隊
選　　書／林小鈴
主　　編／陳玉春
協力主編／黃秋惠

行銷經理／王維君
業務經理／羅越華
總 編 輯／林小鈴
發 行 人／何飛鵬

出　　版／原水文化
　　　　　台北市民生東路二段141號8樓
　　　　　電話：02-2500-7008
　　　　　傳真：02-2502-7676
發　　行／英屬蓋曼群島商家庭傳媒股份有限公司城邦分公司
　　　　　台北市中山區民生東路二段141號11樓
　　　　　書虫客服服務專線：02-25007718；02-25007719
　　　　　24小時傳真專線：02-25001990；02-25001991
　　　　　服務時間：週一至週五上午09:30-12:00；下午13:30-17:00
讀者服務信箱E-mail：service@readingclub.com.tw
劃撥帳號／19863813；戶名：書虫股份有限公司
香港發行／城邦（香港）出版集團有限公司
　　　　　香港灣仔駱克道193號東超商業中心1樓
　　　　　電話：852-2508-6231　傳真：852-2578-9337
　　　　　電郵：hkcite@biznetvigator.com
馬新發行／城邦（馬新）出版集團 Cite (M) Sdn Bhd
　　　　　41, Jalan Radin Anum, Bandar Baru Sri Petaling,
　　　　　57000 Kuala Lumpur, Malaysia.
　　　　　電話：(603)90563833　傳真：(603)90576622
　　　　　電郵：services@cite.my

城邦讀書花園
www.cite.com.tw

美術設計／張曉珍
特約攝影／徐榕志（子宇影像有限公司）
製版印刷／科億資訊科技有限公司
初　　版／2023年8月10日
定　　價／450元
ISBN：978-626-7268-47-6（平裝）
EAN：978-626-7268-49-0（EPUB）
有著作權・翻印必究（缺頁或破損請寄回更換）

國家圖書館出版品預行編目資料

全植物飲食醫學與營養健康大關鍵【美味食譜篇】／
花蓮慈濟醫學中心營養團隊合著. -- 初版. -- 臺北市：
原水文化出版：
英屬蓋曼群島商家庭傳媒股份有限公司城邦分公司發
行, 2023.08
　　面；　公分. –（Family健康飲食；HD5054）
ISBN 978-626-7268-47-6(平裝)

1.CST: 素食食譜 2.CST: 蔬菜食譜 3.CST: 健康飲食

427.3　　　　　　　　　　　　　　112011374

本書特別感謝：

佛教慈濟醫療財團法人人文傳播室、花蓮慈濟醫學中心公共傳播室協助相關出版事宜。